Kaveh Ostad-Ali-Askari
Reza Kasiri
Naimeh Rahimi

Globalny model inżynierii środowiska

Kaveh Ostad-Ali-Askari
Reza Kasiri
Naimeh Rahimi

Globalny model inżynierii środowiska

Wydawnictwo Bezkresy Wiedzy

Imprint

Cover image: www.ingimage.com

Publisher:
Wydawnictwo Bezkresy Wiedzy
is a trademark of
International Book Market Service Ltd., member of OmniScriptum Publishing Group
17 Meldrum Street, Beau Bassin 71504, Mauritius

Printed at: see last page
ISBN: 978-620-0-80991-9

Tytuł książki:

Globalny model inżynierii środowiska

Autorzy:

Kaveh Ostad-Ali-Askari1* , Reza Kasiri2, Naimeh Rahimi3

*1*Student studiów doktoranckich, Wydział Inżynierii Wodnej, Wyższa Szkoła Rolnicza, Uniwersytet Techniczny w Isfahanie, Isfahan, Iran, Kodeks pocztowy : 8415683111.*

[2Ph].D. Student inżynierii strukturalnej, Wydział Inżynierii Strukturalnej, Islamski Uniwersytet Azad, Oddział Naukowo-Badawczy Isfahanu, Isfahan, Iran.

[3Ph].D Student Geomorfologii, Wydział Geomorfologii, Uniwersytet Shahid Beheshti w Teheranie, Teheran, Iran.

***Korrespondencja do:** Dr. Kaveh Ostad-Ali-Askari, *doktor Gratuated,*

Student studiów podoktorskich, Wydział Inżynierii Wodnej, College of Agriculture, Isfahan University of Technology, Isfahan, Iran. Kod pocztowy: 8415683111. Email: kaveh.oaa2000@gmail.com.

Korrespondencja do:

Dr. Kaveh Ostad-Ali-Askari, *doktorant, stypendium podoktoranckie*
Student, Wydział Inżynierii Wodnej, Wyższa Szkoła Rolnicza, Uniwersytet w Isfahanie
Technology, Isfahan, Iran. Kod pocztowy : 8415683111.
Email: kaveh.oaa2000@gmail.com

Spis treści

Perface:

Irańska Agencja Ochrony Środowiska, za pośrednictwem szeregu swoich krajowych laboratoriów badawczych, publikuje kilka stosunkowo krótkich dokumentów, które przygotowują aktualne dane na temat aktualnego stanu informacji o ocenie miejsc środowiskowych i remediacji zanieczyszczonej gleby i wód gruntowych. Wiele z tych dokumentów stało się klasyką i jest szeroko cytowanych w procedurze oceny miejsca ekologicznego i remediacji. Inne, podobnie cenione prace nie wykazały, na ile zasługują na uwagę. Przez wiele lat zbierałem te szczegóły z Laboratorium Badań Środowiskowych EPA, Laboratorium Procesów Monitorowania Środowiska i Laboratorium Inżynierii Danger Decrease, i zdarzyło mi się, że dobrze by było, gdyby udało się je uzyskać w odpowiedniej formie do szerszego zastosowania. Ten potencjał, Sourcebook Inżynierii Środowiska EPA, kończy prace i biuletyny, które koncentrują się na remediacji zanieczyszczonych gleb i wód gruntowych. Companionable capacity, EPA Environmental Evaluation Sourcebook, podsumowuje dokumenty, które koncentrują się na postępowaniu z zanieczyszczeniami i procedurze transportu oraz modelowaniu i opisywaniu i sprawdzaniu miejsc środowiskowych.

Podziękowanie

Badania te były wspierane przez Uniwersytet Technologiczny Isfahan. Dziękujemy wszystkim autorom, którzy dostarczyli wgląd i wiedzę, które bardzo pomogły w badaniach.

Streszczenie:

Inżynieria środowiskowa to system technologii pracy, który wykorzystuje szerokie spektrum zagadnień metodologicznych, takich jak chemia, biologia, ekologia, geologia, hydraulika, hydrologia, mikrobiologia i matematyka do tworzenia rozwiązań, które zachowają, a także zwiększą bezpieczeństwo stworzeń nawykowych i zmienią modalność warunków. Inżynieria środowiska jest podsystemem inżynierii lądowej i chemicznej. Inżynieria środowiskowa jest podejściem technologicznym i inżynieryjnym mającym na celu poprawę i utrzymanie obwodu w celu: utrzymania bezpieczeństwa antropomorficznego, utrzymania dyspozycji użytecznych ekosystemów oraz lepszego powiązania ze środowiskiem modalności siedlisk ludzkich. Inżynierowie ochrony środowiska planują objaśnienia dotyczące organizacji ścieków, kontroli zanieczyszczeń wody i powietrza, ponownego przetwarzania, usuwania odpadów i dobrobytu publicznego. Planują oni obywatelskie źródła wody i schematy postępowania ze ściekami produkcyjnymi oraz strategie projektowe mające na celu zatrzymanie chorób wodnych i odzyskanie czystości w mieście, na wsi i w strefach rozrywkowych. Oceniają programy organizacji ryzykownych odpadów, aby ocenić stopień zagrożenia, ukierunkować działania i represje oraz opracować zasady postępowania w celu powstrzymania katastrof. Wykorzystują zasady inżynierii środowiskowej, tak jak w przypadku pomiaru wpływu planowanych programów budowlanych na środowisko. Inżynierowie ochrony środowiska badają wyniki badań naukowych nad sytuacją, odnosząc się do lokalnych i uniwersalnych kwestii środowiskowych, takich jak kwaśne deszcze, globalne ocieplenie, redukcja ozonu, zanieczyszczenie wody i powietrza przez spaliny samochodowe i bazy produkcyjne.

Słowa kluczowe:

Inżynieria Środowiska, Zanieczyszczenia, Ścieki, Zanieczyszczenia, Woda.

Rozdział 1: Status inżynierii środowiska

Ulepszanie nauczania inżynierskiego jest ważną komisją ds. wzrostu, produkcji, rozwoju społecznego i finansowego oraz obiektów komunalnych w nadchodzących latach dla większości krajów wschodzących. W dzisiejszych czasach uczelnie wyższe mogą świadczyć podstawowe usługi i zapewnić praktyczny rozwój poprzez dobre programy nauczania i badań. Programy te mają żywy charakter narodowy w republikach uprzemysłowionych. W tych republikach, również dobre nauczanie teoretycznych i pojedyncze sekwencje, plany teoretyczne i występy pracowni są tak samo dobrze mierzone do dodatkowego wkładu naukowców w produkcji tak, że większość komponentów zatwierdzonych przez naukowców są w procedurze pracowni lub rzeczywistych systemów czasu. W tej szerokiej perspektywie, dobrze zorganizowane plany i programy nauczania w zakresie inżynierii środowiska w różnych republikach były długo analizowane i związane z państwem w Iranie. Następnie zbadano atuty, słabość, szanse i zastraszanie różnych programów edukacyjnych oraz zaplanowano rozwój programów edukacyjnych w Iranie w dziedzinie inżynierii lądowej i środowiskowej (Gaffari S, 2013).

Postęp danych, zwłaszcza w zakresie wiedzy i danych, nadwerężył powszechne stanowisko w sprawie rozwoju humanoidalnego społeczeństwa. Ekosfera odkryła jednak wiele zagrożeń i presji. Tak więc nauczanie stało się zasadniczym wymogiem, a rozwój społeczeństwa jest od niego głęboko uzależniony. Obecnie w wielu republikach podtrzymywana jest reforma systemu informacyjnego, w których wiele okresów i stolic poświęca się na odbudowę systemu instruktażowego w celu uzupełnienia badań nad dyscypliną i umiejętnościami (Gaffari S, 2013).

Nauczanie inżynierskie jest również jednym z podrozdziałów tego nauczania. Celem nauczania inżynierskiego jest kształcenie inżynierów, którzy mogą zmieniać swoje środowisko, w zależności od ich wiedzy, aby uczynić życie bardziej satysfakcjonującym dla ludzi. Cel szkoły wyższej jako twórcy może być osiągnięty dzięki różnorodności standardów liczących produkcję informacji, wpływ na cywilizację i ilość absolwentów, doskonałość absolwentów i koszt nauczania w przeliczeniu na jednego mieszkańca. Dodając, można przytoczyć inne substancje, takie jak: gratyfikacja dla absolwentów z tego, co wykształcili, siła i stałość zachęt, które zatwierdzili wraz z nimi egzamin przyjazdowy; zmiany, które nastąpiły po opłaceniu absolwentów w grupie; gratyfikacja dla absolwentów z życia związanego z osobą, która nie awansowała z kolegium, oraz okazje, które zapewniają przyjęcie na poziom najlepszych, którzy mają więcej wstępu do kontroli i dobrobytu. Wielu badaczy podkreśliło, że nauczanie inżynierskie w Iranie nie jest ostrożnym spekulacją na temat rozwoju przemysłu od naukowców, ich relacji i punktu widzenia ich edukatorów jest na skumulowanie informacji, rezygnacja z rozwoju usług i arogancji absolwentów są bardziej zbliżone do nauczania inżynierów, którzy są gotowi do wysiłku na arenie teoretycznej i dyscyplin znaczących podstaw i uogólnień, ale nie nieuchronnie przygotowane do spełnienia praktycznych wymagań republiki, organizacji branżowej i do zwiększenia i ożywienia produkcji w całym kraju (Gaffari S, 2013).

Mimo, że wszystkie cywilizacje wokół Biosfery uprzemysłowiły pewien rodzaj instruktażowego schematu, który ma pomóc im w produkcji i wzroście, wśród tych schematów istnieją główne zmiany. Nauczanie w zakresie inżynierii, która jest głównym składnikiem wzrostu cywilizacji, ma w sobie szeroki wachlarz mechanizmów, które sprawiają, że jest ona bardziej zróżnicowana wśród cywilizacji. Studium zmian w nauczaniu inżynieryjnym wśród odmiennych cywilizacji może pomóc w pogłębieniu współczucia między kulturami, a także służyć rozwijaniu bardziej efektywnego schematu nauczania poprzez połączenie odmiennych, optymistycznych aspektów każdego schematu. Nauczanie w zakresie inżynierii środowiska odbywa się w prawie wszystkich szkołach wyższych w republikach uprzemysłowionych i jest nadal szkolone i wprowadzane do programów nauczania w wielu szkołach wyższych. Większość programów nauczania została zindustrializowana w latach 60-tych i w tym czasie nauczanie inżynierii środowiska było głównie pochłonięte kwestią higieny. Dziś jednak rozszerzyły się one na kwestie związane z powietrzem, ziemią, wodą i hominidami. Inżynieria środowiskowa szybko się rozwija i rozproszyła na kampusy w rozwijających się republikach (Gaffari S, 2013).

Jest to trwała wskazówka, aby zaproponować, że podłoże jest godne uwagi i pozycji dla wielu organizacji instruktażowych, które pamiętają jego przestarzałą rezydencję w inżynierii lądowej i wodnej. W opinii pisarzy jest to, że inżynieria ekologiczna zostałaby ulepszona w bardziej szczegółowym pakiecie, na przykład w programie dla praktykantów lub zaawansowanym programie inżynierii środowiska, a nie jako temat w ramach programu inżynierii lądowej, aby zastrzec znaczenie, znaczenie i odrębność tej pojedynczej poprawki w ramach inżynierii. Ponieważ inżynieria środowiskowa staje się dyscypliną o własnej indywidualności i zaletach, można ją postrzegać jako optymistyczny ruch, ponieważ zwiększa ona prawdopodobieństwo wykonywania zawodu inżyniera środowiskowego. Informacje dostarczone przez Departament Pracy Stanów

Zjednoczonych prognozują wzrost możliwości obsługi inżynierów ochrony środowiska na rynku amerykańskim i można przewidzieć, że lepsza liczba wykwalifikowanych specjalistów ds. ochrony środowiska będzie obowiązkowa przy zakładaniu tego rosnącego rynku pracy. Tansel wierzy, że więcej inżynierów ochrony środowiska z interdyscyplinarnym doświadczeniem i rezydencją na całym świecie będzie musiało sprostać temu rosnącemu rynkowi. Takie ćwiczenie może być utalentowane tylko poprzez odpowiednie nauczanie inżynierii środowiska. Tansel uważa, że interdyscyplinarne nauczanie w zakresie ochrony środowiska powinno obejmować szeroki zakres kar, takich jak biologia, ekologia, sprawność społeczna, geologia i ekonomia, a także tematy starego stylu, takie jak woda, ścieki, zanieczyszczenie powietrza i odpady niebezpieczne (Gaffari S, 2013).

Tansel zademonstrował również, że wpływ na pouczające chęci i zasoby nauczania inżynierii środowiska jest ambitny o sześć cech:

Umiejętność;

Budowa dystrybucji;

Demografia i etos;

Instruktażowe programy i zasady;

Ważne postępowania mające wpływ na środowisko;

Połączenia na całym świecie.

Środki stosowane do ilościowego instruktażu w zakresie inżynierii środowiska w krajach wschodzących są w dużym stopniu uzależnione od licznych badanych grup i obszarów. Obszary te są poufne w republikach wolno uprzemysławiających się, przemysłowych i szybko uprzemysławiających się. Standardy stosowane do ilościowego ujęcia odpowiedzi z poszczególnych obszarów:

- Główne rozważania dotyczące nauczania inżynierii środowiska (np. obrona środowiska, podstawowe wymagania);

- Moralność (np. moralność domowa, moralność ogólnoświatowa, aprobaty);

- Możliwe do uzyskania programy nauczania w zakresie inżynierii środowiska (np. doktorat, magister, licencjat);

- Wypełnienia sekwencyjne (np. postępy w inżynierii środowiska, pytania mieszkańców i tanie odpowiedzi); - doświadczenia nauczycieli (np. studia doktoranckie lub magisterskie);

- Pieniądze (np. składki naukowe, stypendia administracyjne, działalność wspierająca) Ujang et al. porównały edukację inżynierską pomiędzy republikami przemysłowymi, szybko uprzemysławiającymi się i stopniowo zmieniającymi się. Główny nacisk na nauczanie inżynierii środowiska na uczelniach wyższych w powstających republikach kładzie się na podstawową podbudowę, higienę, źródło wodne, organizację odpadów twardych oraz niskie koszty i skromne umiejętności. Główne praktyki edukacyjne praktyczne i ustalone rzeczywiste obejmują rozmowy, spotkania, aktorstwo, wideo, Internet, wycieczki edukacyjne i wizyty na arenie. Istnieją również programy współpracy w zakresie inżynierii środowiska uznane przez uczelnie zarówno z republik uprzemysłowionych, jak i wschodzących, w celu podkreślenia podziału stolic. Ogólnie rzecz biorąc, dystrybucja nauczania inżynierii środowiska na poziomie szkoły wyższej może być wyalienowana na trzy grupy, w zależności od lęku, sympatii, know-how i zarysu reguły, jako cienie: Szkoły wyższe w republikach przemysłowych Szkoły wyższe w republikach wschodzących Szkoły wyższe współpracujące zarówno w republikach przemysłowych, jak i w republikach rozwijających się W odniesieniu do pierwszej grupy, w Europie i Stanach Zjednoczonych istnieje wiele szkół wyższych i ośrodków dochodzeniowych, które od wielu lat tętnią życiem w edukacji i dochodzeniu w zakresie inżynierii środowiska w republikach rozwiniętych. Przykładami takich szkół wyższych i ośrodków badawczych są Colleges of Newcastle, Loughborough, Leeds and Surrey w Anglii, IHE-Delft w Holandii oraz Section for Water and Sanitation (SANDEC) w Szwajcarskim Federalnym Instytucie Dyscypliny i Umiejętności Ekologicznych w Szwajcarii. Główny nacisk w E3 położony jest na przekazywanie informacji o podstawowych podbudowach, głównie w zakresie higieny, źródła wody i organizacji stałych pozostałości. Poziom umiejętności jest przeważnie tani i skromny, jak np. baseny uspokajające odpady i osadniki gnilne do oczyszczania ścieków oraz kompostowanie do organizacji odpadów stałych. W relacjach z dostawcami, grupa ta przygotowuje godne uwagi produkcje ze względu na zwyczaje związane ze współczesnymi sposobami przekazywania informacji, a także rozmowy, spotkania, odgrywanie ról, wideo, internet, wycieczki studyjne i wizyty na arenie. W ciągu ostatnich kilku lat, liczne uczelnie z rozwijających się republik energicznie promowały programy pracy zespołowej w E3 z głównymi szkołami i ośrodkami badawczymi w Europie, Stanach Zjednoczonych, Australii i Japonii. Podstawą pracy zespołowej jest ranga stolic dystrybucyjnych i interakcja w kierunku osiągnięcia zdrowszej dystrybucji E3. Na przykład UTM intensywnie współpracuje z europejskimi partnerami, głównie z Uniwersytetem w Newcastle (Anglia) i Politechniką Duńską oraz Uniwersytetem w Aalborg (Dania) w zakresie programów rozmów, staży profesorskich, transferu punktów i pracy zespołowej. W 2000 r. Malezyjskie Konsorcjum Uniwersyteckie ds. Środowiska i Rozwoju (MUCED) zostało wyróżnione przez administrację duńską za współpracę w zakresie E3 na poziomie M.Sc. Poniżej tego zarysu pracy zespołowej, wymagania zarówno dla rozwijających się, jak i uprzemysłowionych republik na E3 zostały dokładnie określone i zastosowane, głównie w odniesieniu do sposobów i sekwencji wypełnień (Gaffari S, 2013).

Nauczanie w zakresie inżynierii środowiska jest możliwe do uzyskania na uczelniach wyższych w Japonii, na przykład na Uniwersytecie Tokijskim (UT). Stypendyści zarejestrowani w programach nauczania w zakresie inżynierii sanitarnej i środowiskowej mogą spędzić 1,5 roku na nauce wszystkich ważnych tematów z dziedziny sztuki i dyscyplin, a następnie zająć się bardziej szczegółowymi tematami, które są dostępne w Sekcji Inżynierii Miejskiej. Japońskie Ministerstwo Nauczania nie ma ograniczonego powołania strategicznego dla uniwersytetów w Japonii do zmiany i ponownego wprowadzenia ich nauczania i badań w celu odtworzenia lęków społeczności i wymagań społecznych.

Kolejne trzy uczelnie w Japonii, a mianowicie University of Tokyo, Hokkaido University i Kyoto University, odpowiedziały na ten test, zmieniając swoje prospekty dotyczące inżynierii środowiska. Proporcjonalne edukowanie prospektów dotyczących inżynierii środowiskowej z trzech uczelni w Japonii pokazuje, że w College of Tokyo tematyka inżynierii sanitarnej stanowi główną część prospektu, chociaż w Hokkaido College używa się chemii i inżynierii chemicznej. Główny niepokój w ramach prospektu inżynierii środowiska w Kyoto College jest toksykologia i organizacja odpadów niebezpiecznych. Wszystkie programy proponują komponenty z podstawowych tematów, ponad wszystkie tematy środowiskowe, tematy związane z wodą, inne tematy środowiskowe, światowe tematy środowiskowe, itp. Mino zaznaczył, że we wszystkich trzech prospektach brakuje istotnych tematów związanych z ochroną środowiska. Tematy te obejmują wycenę efektu ekologicznego, przegląd środowiskowy, moralność środowiskową, finanse środowiskowe, inżynierię środowiskową i biologię. Dodając, Nguyen i in. doświadczyli również niektórych tematów rozwojowych, takich jak produkcja detergentów, ekspansja w zakresie konserwacji i projekty środowiskowe, które nie były zawarte w prospektach. Nauczanie inżynierii środowiskowej w Kanadzie W ciągu ostatnich 50 lat postęp w programach inżynierii środowiskowej w Kanadzie postępował i zmniejszał się. Jednak większość z nich była nadal możliwa do zrealizowania, a wiele z nich rozwinęło się w pełni. W latach 80. ubiegłego wieku zainteresowanie wzrosło do takiego poziomu, że programy nauczania dla praktykantów zaczęły się układać. Podstawowe mechanizmy programów nauczania w zakresie inżynierii środowiska, które można znaleźć w szkołach wyższych w Kanadzie, zawierają tematy z kolejnych dziedzin: Dyscyplina (np. chemia, matematyka, biologia); Dyscyplina praktyczna (np. chemia środowiskowa, termodynamika); Inżynieria (np. projekty inżynierskie, hydrologia, itp.); Inżynieria środowiskowa (np. filozofie inżynierii środowiskowej, odprowadzanie ścieków, itp.); Dobrobyt społeczny i środowiskowy (np. doskonałość wody, fortyfikacja środowiskowa); Regulacje i strategie środowiskowe (np. obowiązek oddziaływania na środowisko, organizacja zasobów). Niezależnie od tego, że naukowa inżynieria środowiskowa jest stosunkowo nowatorską poprawką w inżynierii, Kanadyjska Rada Autoryzacji Inżynieryjnych (CEAB) udokumentowała inżynierię środowiskową jako odrębną karę w inżynierii z jej własną indywidualnością i cechami. Pierwszym pakietem naukowym, który uzyskał autoryzację CEAB w 1990 roku, był Pakiet Inżynierii Lokalnych Planów Środowiskowych w Kolegium w Reginie, w cieniu Kolegium w Windsorze, które ustanowiło autoryzację w 1991 roku, i stopniowo ilość programów nauczania w zakresie inżynierii środowiska zaczęła się pojawiać i zmieniać w Kanadzie. Ogólnie rzecz biorąc, w okresie historycznym w Kanadzie nastąpił niezliczony rozwój, wraz z rozwojem i wzrostem w dziedzinie inżynierii środowiskowej na poziomie naukowym na uczelniach wyższych. W ciągu ostatnich 50 lat programy byłych studentów inżynierii środowiskowej w Kanadzie rozwijały się i zanikały. Jednak większość z nich była nadal możliwa do zrealizowania, a wiele z nich rozwinęło się w pełni. Najbardziej nowa wersja Record of Environmental Engineering Progress Agendas (1996) klasyfikuje 6 ze 105 północnoamerykańskich agend zarejestrowanych jako założone w kanadyjskich szkołach wyższych. Przyszłość nauczania inżynierii środowiska powinna być kontrolowana w zależności od wielu podstawowych oczekiwań dotyczących uniwersalnego bazaru dla obiektów inżynierii środowiska: Założenie: Tani na całym świecie, światowy rynek domowy dla umiejętności praktycznych oraz testy oferowane przez zmienione kompetencje ogłoszeniowe będą miały wpływ na nadchodzące programy nauczania. Założenie 2: Niezbędny jest rozwój procedury instruktażowej w zakresie inżynierii środowiska, która uczyni inżyniera zdolnym do wykonywania zawodu w ekosferze. Założenie 3: Dożywotnia, samokierunkowa wiedza (ciągłe nauczanie) jest ważnym warunkiem dla inżyniera ochrony środowiska. Założenie 4: Żądanie wartości związanych z kondycją społeczności i obroną środowiska naturalnego stanie się bardziej surowe. Ogłoszenie na całym świecie i rozwój bardziej ogólnoświatowego low-cost pozostaje do zmiany przydziału informacji i w konsekwencji podstawowych informacji wykorzystywanych w procedurze nauczania. Realizmem tej zdolności do dzielenia się informacjami uniwersalnymi jest to, że ściśle wszyscy naukowcy zajmujący się inżynierią środowiska w ekosferze są lub będą wykwalifikowani za pomocą tych samych podstaw zasobów edukacyjnych. Istotne dla osiągnięcia kanadyjskich wykształconych naukowców będzie połączenie technicznych i praktycznych informacji z umiejętnością rozumowania z wyobraźnią i szybkiego studiowania nowych pomysłów. Następnie, i podobnie ważne, będzie zdolność do łączenia tych pojęć i koncepcji szybko i kompetentnie (Gaffari S, 2013).

Postępy (pięcioletnie nauczanie) w prospekcie emisyjnym w zakresie inżynierii środowiska naturalnego są zaawansowane na Węgrzech. Celem tego nauczania jest kształcenie osób, które posiadają współczesne i kompletne informacje inżynierskie i środowiskowe, które mogą sprostać nietypowym wymaganiom ochrony środowiska w produkcji, w segmencie zaopatrzenia oraz w krajowym i krajowym zarządzaniu. Zapoznanie się ze specjalistami z innych dziedzin jest gwarantowane przez ich wszechstronne wykształcenie inżynierskie i informacje odległego lingwisty na równi z partnerami. Utworzenie bazy danych inżynierów ochrony środowiska dla byłych studentów pozwoli na uzyskanie wysokiego poziomu zdolności do powtarzania informacji inżynieryjno-technicznych w różnych jednostkach administracji i przedsiębiorstw, w odosobnionych od siebie oddziałach oraz w odmiennych lokalizacjach. Naukowcy zajmujący się inżynierią środowiska na Węgrzech ustalają niektóre stosowane programy, jak również główne sekwencje w inżynierii środowiska. Muszą oni przyjąć przewlekły schemat, który obejmuje zadanie w produkcji jako zdrowe. Ogólny okres wynosi 8 tygodni: 4 tygodnie na ochronę terenów wiejskich i krajobrazu (po 4. semestrze); 4 tygodnie na zadania z zakresu technologii środowiskowych w przemyśle (po 8. semestrze). Celem zastosowanego ćwiczenia jest poznanie zwyczajowych standardów i umiejętności w zakresie ochrony środowiska (Gaffari S, 2013).

W Iranie istnieją liczne uczelnie wyższe, które realizują odmienne plany związane z dyscypliną środowiskową i inżynierią. Różne zdolności, uniwersytety i sekcje mają obecnie podrzędne dyplomy, stopnie B.Sc., M.Sc. i PhD w wielu tematach związanych ze środowiskiem, które zostały przedstawione w tabeli 8.

Tabela 8. Programy nauczania w zakresie inżynierii środowiska w Iranie (Gaffari S, 2013).

Name of Department/ Schools/ Faculties	Offered Degree	Authorized by	Main Universities
Department of Civil Engineering	M.Sc. and PhD in Environmental Engineering	MSRT	Sharif University of Technology, Amirkabir University of Technology, Tarbiat Modaress University, Iran Universty of Science and Technology, Khaje Nasir University of Technology, The University of Shiraz, Isfahan University of Technology
Faculty of Environment	M.Sc. and PhD in Environmental Engineering, M.Sc. in Environmental planning and Management, M.Sc. in Environmental design	MSRT	The University of Tehran
Department of Chemical Engineering	M.Sc. and PhD in Environmental Engineering	MSRT	Sharif University of Technology
Faculty of environmental resources	B.Sc. and M.Sc. in Environmental Science	MSRT	The University of Tehran, Tarbiat Modares University, Isfahan University of Technology
School of Public health	Associate Diploma, B.Sc., M.Sc. and PhD in Environmental health	MHME	Tehran University of Medical Sciences, Isfahan University of Medical Sciences, Iran University of Medical Sciences

MSRT = Ministry of Science, Research and Technology (Iran)
MHME =Ministry of Health and Medical Education (Iran)
* Non-governmental Universities (Islamic Azad Universities) are not included in this list

Obecnie w Iranie nie ma odpowiednika BS w dziedzinie inżynierii środowiska. Pakiet dotyczący inżynierii środowiskowej w równym stopniu zaawansowany jest w Iranie od 1990 roku. W tym okresie tylko dwie uczelnie (The College of Shiraz i Tarbiat Modares College) przedstawiły magistra inżynierii środowiska w Iranie i tylko kilku naukowców przyznało się do tych programów. Na przykład w 1990 r. tylko trzech naukowców zostało uznanych za magistrów w dziedzinie inżynierii środowiska w Tarbiat Modares College. W tym czasie egzamin na magistra inżynierii ekologicznej został oddzielony od innych dziedzin inżynierii lądowej, a samozwańczy naukowcy mieli odmienne wychowanie, takie jak inżynieria lądowa, biochemiczna i irygacyjna. Obecnie w Iranie istnieje dziesięć uczelni wyższych (z wyjątkiem uczelni pozarządowych), które prowadzą sekwencje inżynierii środowiskowej na etapach postępu, co oznacza tolerancję ponad 90 magistrów rocznie (tabela 9). Obecnie egzamin wstępny w zakresie inżynierii środowiska jest podobny do innych dziedzin inżynierii lądowej, a zatem ponad 90 procent samozwańczych naukowców ma kontekst inżynierii lądowej i wodnej. W celu zbadania pozycji nauczania w zakresie inżynierii środowiska w Iranie rozważony zostanie pakiet ocen kontrolerów w dziedzinie inżynierii środowiska w Shiraz College i Amirkabir University of Technology. Jak już wspomniano,

Shiraz College jest jedną z najstarszych szkół wyższych w Iranie, a także jedną z głównych szkół wyższych, które zapewniają główne stopnie zaawansowania w dziedzinie inżynierii lądowej i środowiskowej. Kontekst tej dziedziny wspomina się nawet przed islamską rewolucją w Iranie i w związku z tym kolegium to jest innowatorem w dziedzinie inżynierii środowiskowej w Iranie. Obszar inżynierii środowiskowej znajduje się w sekcji inżynierii lądowej i środowiskowej (CEE) w Kolegium. Kolegium prowadzi studia magisterskie i doktoranckie z zakresu inżynierii środowiska. Istnieje tylko jedna sekwencja dająca w poziomie naukowym nazywana "Inżynieria Środowiska", która jest mierzona jako losowa sekwencja, w której tematy takie jak skażenie, sprawność fizyczna, sprawność społeczna, itp. będą rozważane. Technika edukacyjna w tej sekwencji polega na tym, że w każdym spotkaniu poruszane są tematy. W odniesieniu do podanych tematów są wyznaczone i będą rozpatrywane przez specjalistów. Pod koniec semestru naukowcy są zobowiązani do przedstawienia schematu związanego ze sprawami ochrony środowiska (Gaffari S, 2013).

Tabela 9. Ilość samozwańczych naukowców do stopnia mgr inż. inżynierii środowiska w 2007 r. (Gaffari S, 2013).

No.	University	Department /Faculty	No. of student admitted
1	Sharif University of Technology	Civil Engineering	11
2	Amirkabir University ofTechnology	Civil and Environmental Engineering	10
3	Tarbiat Modaress University	Civil Engineering	8
4	Iran Universty of Science and Technology	Civil Engineering	8
5	Khaje Nasir University of Technology	Civil Engineering	10
6	Shiraz University	Civil Engineering	5
7	The University of Tehran	Faculty of Environment	20
8	Tarbiat Moalem University	Civil Engineering	10
9	Mazandaran university	Civil Engineering	6
10	Ferdowsi University(Mashhad)	Civil Engineering	6
		Total	94

*Adopted from Guideline M.Sc. (2007), Ministry of Science, Research and Technology.

Stali główni uczeni w dziedzinie inżynierii środowiska będą zazwyczaj przewidywalni, jeśli ich ocena zostanie wystawiona w ciągu 2 lub 2,5 roku (4 lub 5 semestru) poprzez zaliczenie co najmniej 30 jednostek zaliczeniowych oraz teorii (6 jednostek zaliczeniowych). Mgr inż. pakiet instruktażowy Inżynierii Środowiska zliczający wszystkie podstawy i sekwencje (plus sekwencja główna i sekwencja głosowania) przedstawione przez Sekcję CEE uczelni. W podobnym okresie zmieniono oznaczenie "Sekcji Inżynierii Lądowej" na "Sekcję Inżynierii Lądowej i Ekologicznej (CEE)". Głównym celem pakietu inżynierii ekologicznej w AUT jest prowadzenie zajęć z inżynierii ekologicznej dla uczonych, którzy mają odmienne warunki (inżynieria lądowa, chemiczna, mechaniczna itp.) na etapie zaawansowania. Baza danych instruktażowych mgr Inżynierii Ekologicznej zamykająca wszystkie areny i sekwencje (plus postęp główny i głosowy), jest podobna do bazy danych w Shiraz College i jest prezentowana przez Sekcję CEE AUT (Rysunek 8). Korzystając z tej bazy danych, naukowcy mogą wybierać swoje areny kształcenia po drugim semestrze. Następnie naukowcy wybiorą co najmniej trzy wyznaczone sekwencje, za zgodą swoich menedżerów. Jedyną zmianą pomiędzy programem Shiraz i Amirkabir college jest to, że w przeciwieństwie do Amirkabir College, uczeni Shiraz College po efemerycznych wszystkich sekwencjach filozoficznych do trzeciego semestru regulują swoje tematy badań w czwartym semestrze, co jest jedną z trudności w tym college'u, ponieważ uczeni nie mają wystarczająco dużo czasu na badania związane z ich propozycją. Tak więc, naukowcy nie mogą wybierać swoich losowych sekwencji z kierownictwem konsultantów. Z drugiej strony, ze względu na niewielką liczbę uczonych specjalizujących się w inżynierii ekologicznej i brak edukatorów w licznych poprawkach, nie ma wyboru w wyborze progresji, a od uczonych wymaga się przyjęcia sekwencji oferowanej w każdym semestrze. Pisarze są przekonani, że sekwencja ta jest jedną z podstawowych potrzeb w dziedzinie inżynierii i mogą być bardzo skłonni do współpracy. Jednak nie tylko nie należy zastępować tych sekwencji sekwencjami w inżynierii środowiska, ale dodać do nich, ze względu na sekwencje takie jak matematyka, bardziej dedykowane postępy w inżynierii środowiska, które zostały zrekompensowane mniej uwagi do nich, takich jak wycena efektu ekologicznego i planowana wycena środowiskowa powinny być dalej obserwowane i te sekwencje być szkolone wraz z innymi głównymi progresjami (Gaffari S, 2013).

Rys. 8. Baza danych mgr Inżynierii Środowiska w Oddziale Inżynierii Lądowej i Ekologicznej Uniwersytetu w Shiraz (Gaffari S, 2013).

W Iranie oraz sugerując wyjaśnienia i dobrze zorganizowane sugestie, niezbędne jest przeanalizowanie trudności związanych z nauczaniem inżynierii ekologicznej w Iranie. Pierwszym i głównym problemem jest to, że problemy środowiskowe, badane poprzez nauczanie specjalistów, nie będą miały większego znaczenia. Choć w krajach rozwiniętych jednym z najważniejszych przedmiotów są trudności związane z ochroną środowiska, które są ważne dla wykładowców. Dlatego też wspierane są również organizacje kształcące w zakresie inżynierii środowiska. Jednym z najbardziej zauważalnych przypadków, który pokazuje niewielką pozycję problemów ochrony środowiska w Iranie, podobnie jak w innych republikach, jest to, że w Iranie wycena efektu ekologicznego, która jest najbardziej wiarygodnym zaawansowanym okresem w kierunku możliwej do utrzymania ekspansji w krajach rozwiniętych, nie jest całkowicie spełniona i chociaż wycena ta powinna być zatwierdzona dla wszystkich programów w kraju, to została właśnie zakończona tylko dla dużych programów. Z drugiej strony, w nowych latach problematyczna stała się kwestia publicznych odpadów stałych. Nauczanie inżynierii środowiska na tej arenie, która jest jedną z podbudów, będzie pomijane, jeśli te sprawy nie będą wykładane, a rozwój i możliwy do utrzymania wzrost republiki w kierunku rozwoju zostanie zatrzymany. Podstawowym etapem wzrostu i rozwoju jest więc obserwacja głównych wartości rozwoju zrównoważonego, którego główną częścią jest przynależność do przedmiotów ekologicznych, co wymaga większej dbałości o otoczenie i nauczanie inżynierii środowiska w kraju. Jak stwierdzono w poprzednich sektorach, w krajach rozwiniętych, ze względu na status przedmiotów przyrodniczych, następuje korekta inżynierii środowiska z poziomu postępu i uczonych, przede wszystkim edukacji w tej dziedzinie i pozostaje ona poprawna. Choć w Iranie jest tylko jeden student rozwijający wysoko postawioną "Inżynierię Środowiska", która nawet w niektórych szkołach wyższych ma charakter charytatywny i naukowcy rozważają ją jako wybór do poszerzenia swoich sekwencji. Co więcej, w irańskich szkołach wyższych i na poziomie zaawansowanym rozważania są kompensowane jedynie problemami lokalnymi (w tym odpadami stałymi, zanieczyszczeniem powietrza, przewodnictwem wodnym, odprowadzaniem ścieków itp.), a światowe problemy środowiskowe (takie jak zielona chemia, organizacja energetyczna, prawo ochrony środowiska, finanse środowiskowe, integracja i filozofia środowiskowa, socjologia środowiskowa, zrównoważony rozwój itp. Powinno być znane, że w głównym stopniowania inżynierii środowiska w Shiraz College, w kolejności przygotowania i organizacji ochrony środowiska, ocena wpływu na środowisko jest szkolony do uczonych, które wspierają ich do wejścia na rynek pracy i zachować krok z problemami na całym świecie. Jedną z trudności w nauczaniu inżynierii środowiska w Iranie jest to, że naukowcy idą prosto do zawodu po sekwencjach awansu i stykają się z problemami, które do tej pory były tylko w modelu. Dlatego też potrzeba dużo czasu, aby naukowcy dostosowali się do swojego nowego środowiska i byli w stanie realizować rzeczywiste plany. Wynika to z faktu, że w szkołach wyższych i uczonych nie pojawiają się stosowane i rzeczywiste sekwencje, które są niewidoczne w tym otoczeniu. W odniesieniu do podejść do edukacji, jak pokazała to edukacja, podejścia te zwracają się ku nowym podejściom do ćwiczeń, a nie ku podejściu przestarzałemu. Wśród tych podejść można wymienić korzystanie z Internetu oraz nowe podejścia i udogodnienia, takie jak e-learning. Nieodpowiednio, system edukacji inżynierskiej w Iranie jest nadal w starym stylu i jest w procedurze kursów bez skłonności uczonych do darowizn, a nawet w niektórych sekwencjach, system klas, który jest jednym z materiałów do zrozumienia wypełnień nie jest ostrożny. Z drugiej strony, ze względu na słabą organizację korzystania z Internetu i e-learningu, te podejścia nie zostały uprzemysłowione w Iranie. Choć w nowych latach, wraz z powstaniem symulowanych szkół wyższych i e-learningu, w tej dziedzinie poczyniono pewne kroki, to jednak tylko pozytywne korekty korzystają z tej techniki. Jak stwierdzono w poprzednich segmentach, środki te mają wiele zalet, a jedna z nich może być znana z tego, że w tych podejściach nierozwiązane wykładowcy, którzy uczęszczają na uczelnie, prawdopodobnie nie są w stanie po prostu pokazać naukowcom w symulowanych salach szkolnych i aktualne wszystkie sekwencje, które były oferowane w nieaktualnych podejściach. Innym i być może najbardziej znaczącym problemem w nauczaniu inżynierii środowiska jest to, że w irańskich szkołach wyższych autoryzacja, która jest jedną z najbardziej podstawowych podbudów systemu edukacyjnego, nie jest mierzona w zakresie i z siłą wykrywaną w krajach rozwiniętych. Być może jednym z problemów dla rozwoju szkolnictwa wyższego w Iranie i przewagi szkół wyższych w Europie i republikach uprzemysłowionych jest posiadanie autoryzacji wcześniej ustalonej, precyzyjnej i zależnej od wymagań organizacji uczącej (Gaffari S, 2013).

i ze stabilnością wykrytą w krajach rozwiniętych. Być może jednym z problemów dla rozwoju zaawansowanego programu instruktażowego w Iranie i przewagi szkół wyższych w Europie i republikach uprzemysłowionych jest posiadanie wcześniej ustalonej, precyzyjnej i zależnej od wymogów programu instruktażowego autoryzacji (Gaffari S, 2013).

Rozdział 2 : Edukacja w zakresie inżynierii środowiska w minionej dekadzie

Nauczanie inżynierii środowiska było w nowych wiekach przedmiotem wielkiego poświęcenia. We wcześniejszych latach inżynieria środowiskowa, bardziej uznawana wówczas za inżynierię higieny lub zdrowia publicznego, była kształcona jako temat w ramach programu inżynierii lądowej i wodnej. W miarę upływu czasu, a wraz z nim zrozumienia znaczenia nowej areny w inżynierii - inżynierii środowiska - zaczęła się ona zmieniać w poprawkę z własną indywidualnością i cechami. Wizerunek nauczania inżynierii środowiska w poprzednim okresie jest możliwy do uzyskania w niniejszym artykule, aby kontrolować, jak zaawansowane instytucje edukacyjne zarówno z krajów rozwiniętych, jak i rozwijających się, reagowały na testy środowiskowe na całym świecie poprzez swoje nauczanie i programy. Pisarze byli głównie pochłonięci określaniem odpowiedzi lub procedur uprzemysłowionych przez organizacje, aby przenieść nauczanie inżynierii środowiska na front. Wysiłek włożony w tę edukację miał na celu uwzględnienie podejść i metod, trudności i testów, które zaawansowane organizacje instruktorskie poszukują w stosowaniu korekty (Nguyen D, 2011).

Kształcenie w zakresie inżynierii środowiska odbywa się w prawie wszystkich szkołach wyższych w republikach uprzemysłowionych i jest nadal szkolone i transportowane w ramach programów inżynieryjnych w wielu szkołach wyższych. Większość programów była zaawansowana w latach 60-tych i w tym okresie nauczanie w zakresie inżynierii środowiska skupiało się głównie na kwestii higieny. Obecnie jednak, w dalszym ciągu obejmuje ona powietrze, ziemię, wodę i środowisko hominidów. Inżynieria środowiskowa rośnie i szybko rozprzestrzenia się na uczelnie w rozwijających się republikach. Jest to trwały sygnał do zaproponowania, że dziedzina ta jest przedmiotem nadmiernej uwagi i pozycji dla wielu organizacji edukacyjnych, które przypominają jej przestarzałą rezydencję w inżynierii lądowej i wodnej. W opinii autorów jest to opinia, że inżynieria środowiskowa byłaby udoskonalana w ramach bardziej szczegółowego programu, na przykład, w ramach naukowego lub zaawansowanego programu inżynierii środowiskowej, a nie jako temat w ramach programu inżynierii lądowej, aby zastrzec implikacje, znaczenie i indywidualność tej pojedynczej poprawki w ramach inżynierii. W miarę jak inżynieria środowiskowa staje się korektą z własną indywidualnością i cechami, można ją zaobserwować jako optymistyczne posunięcie, ponieważ daje ona większe szanse zawodowe dla zawodu inżyniera środowiskowego. Informacje przygotowane przez amerykański Oddział Laboratorium prognozują wzrost przyszłych szans usług inżynierów ochrony środowiska na rynku amerykańskim i przewiduje się, że lepsza liczba wykwalifikowanych specjalistów ds. ochrony środowiska będzie obowiązkowa do obsługi tego rosnącego rynku pracy. Tansel wierzy, że większa liczba inżynierów ochrony środowiska o interdyscyplinarnych umiejętnościach i ogólnoświatowej narodowości jest niezbędna, aby sprostać temu rosnącemu rynkowi. Takie ćwiczenia mogą być utalentowane tylko poprzez odpowiednie nauczanie inżynierii środowiska. Dodatkowo, powierzając Tansel interdyscyplinarne nauczanie o ochronie środowiska, powinno ukrywać wiele różnych korekt, takich jak nauki przyrodnicze, biologia, sprawność publiczna, geologia i finanse, a także obejmować tematy starego stylu, takie jak woda, ścieki, zanieczyszczenie powietrza i niebezpieczne odpady. Tansel pokazuje również, że wpływ na wymagania edukacyjne i potrzeby nauczania w zakresie inżynierii środowiska jest określony przez sześć cech: • Wiedza; Budownictwo dystrybucyjne•; •Demografia i kultura; Programy i zasady instruktażowe•; Istotne• działania mające wpływ na środowisko; Połączenia ogólnoświatowe•. (D.Q. Nguyen, 2011). Tansel, B., Altering the position quo in environmental engineering teaching in response to developing marketplaces. J. of Prof. Issues in Eng. Educ. i Praktyki, 134, 2, 197-201 (2008). (D.Q. Nguyen, 2011).

Tabela 10: Rozwój instrukcji i badań w zakresie inżynierii środowiska dla rozwijających się republik (Ujang, Z. i Buckley, C., Promowanie zrównoważonego przemysłu poprzez Klub Minimalizacji Odpadów. Water Sci. and Tech., 46, 9, 1-10 (2002). (D.Q. Nguyen, 2011).

Period	Themes	Objectives
1950 -1970s	Low-cost technologies Labour intensive systems Ease of maintenance and upgrading	Satisfying the requirements of donor agencies International funding purposes Basic public health infrastructures
1980s	Optimisation and upgrading of low-cost technologies Public health improvement Environmental protection	Satisfying the requirements of donor agencies International funding purposes Rapid urbanisation purposes
1990s	Cost-effective high-performance technologies Management systems for better governance Cleaner production	Academic research programmes Rapid industrialisation Rapid urbanisation Meeting international standards

Różnice te są nie tylko doświadczalne w programach nauczania inżynierii środowiska, ale także w cielesnym środowisku korygowanym aż do nowych wieków. W latach 70-tych XX wieku, przedmioty takie jak doskonałość powietrza, źródło wody, toksyczne chemikalia, kontrola nuklearna i katastrofa energetyczna były głównym tematem tego okresu. Następnie, przechodząc do następnego okresu, lat 80-tych, wykryto, że redukcja ozonu, modyfikacja pogody na całym świecie, oczyszczanie niebezpiecznych odpadów, ocena ryzyka dla zdrowia i trujących substancji chemicznych są bardzo ważne dla programu. W latach 90-tych XX wieku zdenerwowanie środowiska było spowodowane oparami z konserwatorium, większym naciskiem na zmiany klimatyczne na świecie, powtórnym przetwarzaniem, energią odnawialną, analizą cyklu życia i wylesianiem. W nowym okresie (lata 2000.), główny niepokój o środowisko naturalne to nadal międzynarodowe zmiany klimatyczne, utrzymująca się ekspansja, umiejętności ekologiczne, międzynarodowe tematy środowiskowe, bioróżnorodność, organizacja i spadek tragedii, rozwój, tematy związane z bezpieczeństwem, i tak dalej. To, co może być zdecydowane z tej zmiany, to fakt, że rozwijające się podmioty stały się bardziej wieloaspektowe i przestały być rezydentami na całym świecie na wsi. Nauczanie w zakresie inżynierii środowiska w republikach uprzemysłowionych Dla określenia projektu problemów, trudności i napotkanych trudności, w trzech republikach z uprzemysłowionej ekosfery przeprowadzono inspekcje szkół wyższych w celu kontroli rozwoju i rangi nauczania w zakresie inżynierii środowiska. wyznaczono szkoły wyższe z Hiszpanii, Japonii i Kanady. Nauczanie inżynierii środowiska w Hiszpanii Podobnie jak w innych europejskich republikach, w Hiszpanii rośnie zapotrzebowanie na inżynierów i naukowców zajmujących się ochroną środowiska, ale paradoksalnie, na hiszpańskich uczelniach nie ma oficjalnych programów oceniania inżynierii środowiska, które pozwoliłyby im sprostać temu zapotrzebowaniu. Termin "oficjalny" oznacza w tej sytuacji dochód, że programy te nie są oficjalne i nie są udokumentowane przez hiszpańskie zgromadzenie kolegiów jako ekologiczne. Chociaż, szkoły wyższe w Hiszpanii są zatrudnione w celu odkrycia wyjaśnień dzięki tej prośbie o specjalistów i władze inżynierii środowiskowej i aklimatyzują stare programy obejmujące nauczanie inżynierii środowiskowej. W całej Europie istnieje niezliczona różnorodność w zakresie materiałów dydaktycznych i wymagań dotyczących inżynierii środowiska. Roriguez-Roda i inni ufają, że wyjaśnienie to ma na celu stworzenie nowego, wspólnego zarysu nauczania i badań w zakresie inżynierii środowiska, ponieważ nie stosuje się normalnych, podstawowych programów. Pisarzom zależy również na wrażeniu wspólnego zarysu i przewidzieli publiczny lub rzekomy ogólnoświatowy program inżynierii środowiska, przy czym ważna forma informacji została w tym zaplanowanym programie uznana i mocno uprzemysłowiona. Taki program może być powszechny i stosowany na całym świecie. W relatywnej edukacji nauczycieli inżynierii i nauczycieli inżynierii środowiska, pisarze wywodzą się z ogólnego przepisu na rozwój takiego światowego programu i tylko nieliczni, zazwyczaj z krajów uprzemysłowionych, przeciwstawili się temu wrażeniu. Wydaje się, że w Hiszpanii istnieje dodatkowy problem dotyczący prawdziwego znaczenia inżyniera ochrony środowiska. Wygląda na to, że wszyscy domagają się bycia inżynierem środowiska, ale nikt tak naprawdę nie rozumie ani nie rozróżnia prawdziwej konotacji tego zawodu. W swoich wysiłkach na rzecz zaproponowania stopnia w inżynierii środowiska, aby sprostać rosnącym wymaganiom tego zawodu, dwie zatrudnione kolekcje, głównie z dziedziny dyscypliny i inżynierii, przedstawiły swoje przemyślenia Radzie Kolegiów. Chociaż te dwie kolekcje nie mogły podjąć decyzji ani osiągnąć porozumienia w sprawie tego, co powinno stanowić podstawę do dokonywania wyborów ponadprogramowych, co spowodowało opóźnienie w tej procedurze. Konsekwencją tego jest to, że naukowcy w Hiszpanii mają tylko jeden możliwy do uzyskania wybór, polegający na zarejestrowaniu się na skoncentrowane sekwencje, w szczególności w innych programach nauczania, i wybraniu tematów związanych z inżynierią środowiska. Związany z tym program z zakresu inżynierii środowiska podzielony jest na dwie główne kolekcje, jedną specjalizującą się w dyscyplinach ochrony środowiska, a drugą w inżynierii starego stylu. Przyjęta tu metoda jest wymieniona jako metoda uzupełniająca, to znaczy uwzględniająca tematy związane z inżynierią środowiska i dodająca je do aktualnych programów. Podobna metoda była również szeroko akceptowana przez wiele uniwersytetów inżynierskich we wcześniejszych czasach w celu włączenia środowiska do programów inżynierskich. Wiele z nich mieszało środowisko z przestarzałymi tematami inżynieryjnymi, wprowadzało bardziej szczegółowe tematy środowiskowe jako elementy do wyboru w programach inżynieryjnych i w nowo powstających programach naukowych z zakresu inżynierii środowiska. Dla wielu nauczycieli metoda ta może być rozumiana jako optymistyczna inwencja szkół inżynierskich mająca na celu uczynienie ze środowiska naturalnego publicznej części programów inżynierskich; w szczególności, ze skumulowaną liczbą programów inżynierii środowiska, które powstały w ostatnim okresie. Istnieją jednak trudności z obecnymi programami inżynierii środowiska, które nadal wymagają określenia. Autorzy nie korzystają z tej metody, ponieważ istnieje wiele trudności wynikających z tej techniki. Pozycja nauczania inżynierii środowiska pozostaje niejasna w Hiszpanii i konieczny jest dalszy rozwój, aby odzyskać przyszłe nauczanie i zarysy inżynierów ochrony środowiska. Nauczanie inżynierii środowiska w Japonii Pozycja nauczania inżynierii środowiska w głównych kampusach w Japonii wydaje się być bardzo zaawansowana, a zarys zawodu inżyniera środowiska jest oczywiście wyraźny, gdy porównuje się go do szkół wyższych w Hiszpanii. Nauczanie w zakresie inżynierii środowiska jest prezentowane przez szkoły wyższe w Japonii, na przykład College of Tokyo (UT). Stypendyści włączeni do programów naukowych z zakresu inżynierii sanitarnej i środowiskowej poświęcają 1,5 roku na naukę wszystkich ważnych tematów z dziedziny sztuki i dyscyplin, a następnie przechodzą do bardziej szczegółowych tematów przedstawionych przez Oddział Inżynierii Miejskiej (D.Q. Nguyen, 2011). Mino, T., Instrukcja Inżynierii Środowiska w Japonii. Water Sci. and Tech., 41, 2, 17-22 (2000).

Japoński Departament Edukacji nie ograniczył polityki wzywającej szkoły wyższe w Japonii do reorganizacji i powtórzenia ich nauczania i badań w celu odtworzenia obaw i wymagań społecznych społeczności. Kolejne trzy uczelnie w Japonii, College of Tokyo, Hokkaido College i Kyoto College, odpowiedziały na ten test, zmieniając swoje programy inżynierii środowiska. Wykwalifikowana edukacja w zakresie programów inżynierii środowiskowej z trzech uczelni w Japonii pokazuje, że w College of Tokyo tematy inżynierii higienicznej stanowią główną część programu, podczas gdy w Hokkaido College używa się chemii i inżynierii chemicznej. Główną troską w ramach programu inżynierii środowiskowej w Kyoto College jest toksykologia i organizacja odpadów niebezpiecznych. Wszystkie programy sugerują elementy z tematów podstawowych, ponad wszystkie tematy środowiskowe, tematy związane z wodą, inne tematy środowiskowe, światowe tematy środowiskowe, itp. Mino zauważył, że we wszystkich trzech programach brakuje istotnych tematów związanych z ochroną środowiska. Tematy te obejmują ocenę efektu ekologicznego, kontrolę środowiskową, moralność środowiskową, finanse środowiskowe, inżynierię środowiskową i biologię. Dodając, że autorzy wykryli również niektóre tematy rozwojowe, takie jak produkcja detergentów, ekspansja w zakresie konserwacji i przedsięwzięcia środowiskowe, które nie zostały uwzględnione w programach. Instrukcja inżynierii środowiskowej w Kanadzie Stymulującą uwagą na temat instrukcji inżynierii środowiskowej w Kanadzie jest to, że na poziomie postępu, był to zauważalny i szeroko dostępny wybór edukacji w poprzednich okresach. Mimo to, wzrost nauczania inżynierii środowiska był łagodniejszy na poziomie naukowym. Dopiero w połowie lat 80. programy naukowe w zakresie inżynierii środowiska zaczęły szybko zdobywać wiedzę na temat zmian i rozwoju. Przekazywanie Smithowi i in. informacji i uwagi w programach inżynierii środowiskowej może różnić się w zależności od uczelni, ale podstawowe mechanizmy pozostają podobne. Podstawowe mechanizmy programów inżynierii środowiskowej pochodzą z różnych szkół wyższych w Kanadzie i obejmują tematy z kolejnych dziedzin: • Dyscyplina (np. chemia, matematyka, biologia);

Nauki praktyczne• (np. chemia ekologiczna, termodynamika); Inżynieria (np. •projektowanie inżynieryjne, hydrologia, itp.); Inżynieria środowiska (np. •wartości inżynierii środowiska, odprowadzanie ścieków, itp.); Zdrowie publiczne i •ekologiczne (np. jakość wody, obrona środowiska); Zasady i reguły ekologiczne• (np. ocena efektu ekologicznego, organizacja zaopatrzenia). Niezależnie od tego, że naukowa inżynieria środowiskowa jest stosunkowo nowatorską korektą w inżynierii, Kanadyjski Panel Autoryzacji Inżynieryjnej udokumentował inżynierię ekologiczną jako wyraźną korektę w inżynierii z jej własną indywidualnością i cechami. Pierwszym naukowym programem, który uzyskał autoryzację CEAB w 1990 roku, był Pakiet Inżynierii Lokalnych Programów Środowiskowych w Kolegium w Reginie, w cieniu Kolegium w Windsorze, które ustanowiło autoryzację w 1991 roku, i stopniowo ilość naukowych programów inżynierii środowiskowej zaczęła się pojawiać i zmieniać w Kanadzie. Ogólnie rzecz biorąc, w ostatnim okresie nastąpił nadmierny rozwój, wraz z rozwojem i ekspansją inżynierii środowiska na poziomie naukowym na uczelniach wyższych w Kanadzie. Nauczanie w zakresie inżynierii środowiska rozwinęło się w pełni, rozszerzyło i zmieniło w wyłączną strefę inżynierii w minionym okresie, głównie w szkołach wyższych w Kanadzie, Japonii i USA. Chociaż w wielu republikach nadal brak jest indywidualności jako korekty i jako zajęcia w ramach szkół wyższych (np. w Hiszpanii). Obecnie w Hiszpanii nie ma oficjalnego programu ocen w zakresie inżynierii środowiska, mimo że na rynku pracy rośnie zapotrzebowanie na specjalistów i naukowców w dziedzinie ochrony środowiska. Metody dodatkowe są akceptowane przez szkoły wyższe w Hiszpanii do prowadzenia dalszego kształcenia w zakresie inżynierii ekologicznej. Metoda ta jest jednym z atrakcyjnych, aktualnych programów, na przykład oceny w dyscyplinach związanych z ochroną środowiska, a także dodatkowymi tematami z zakresu inżynierii środowiska. Inżynieria ekologiczna różni się od każdej tradycyjnej korekty inżynierskiej, ponieważ jest multidyscyplinarna na wsi, obejmuje szeroki zakres tematów, od inżynierii i dyscypliny, do finansów i ludzi, itp. Nie wystarczy wziąć pod uwagę aktualnego programu i dodać do niego komponenty środowiskowe, a następnie domagać się ich inżynierii środowiskowej. Technika ta może wydawać się najszybszą i najbardziej niedrogą metodą tworzenia nowego programu, ale, z punktu widzenia pisarzy, spowodowała wiele trudności i rozczarowań. Atrakcyjne jest wykrycie, że nauczanie o inżynierii środowiska jest już w toku produkcji i ucztowania na uczelniach wyższych w powstających republikach. Ta nowatorska korekta w inżynierii stała się tak ogólna w minionym okresie, że sekwencje w inżynierii środowiska są szeroko dostępne w prawie wszystkich szkołach wyższych w powstających republikach. Mimo to wiele sekwencji i programów jest nadal szkolonych i wprowadzanych jako część programów inżynierii lądowej i wodnej. Pisarze mocno ufają, że nauczanie o inżynierii środowiska będzie zdrowsze, jeśli zostanie wprowadzone w ramach bardziej szczegółowego programu niż w ramach przestarzałych programów inżynierii lądowej. Standardy stosowane w nauczaniu ilościowym z zakresu inżynierii środowiska w nowo powstających republikach są w dużym stopniu uzależnione od licznych grup i obszarów poddanych analizie. Obszary te dzielą się na republiki powoli uprzemysławiające się, przemysłowe i szybko uprzemysławiające się. Odpowiedzi pokazują również, że nacisk na umiejętności i programy badawcze w szkołach wyższych w republikach wschodzących był położony na mniej luksusowe, niedrogie umiejętności i proste schematy organizacyjne. Wynika to z braku dostępnych dochodów. Pisarze ufają, że właśnie w tym przypadku program współpracy z uniwersytetami w kraju rozwiniętym lub globalny program nauczania w zakresie inżynierii środowiska byłby przede wszystkim pomocny dla szkół wyższych w rozwijającej się biosferze, gdzie stolice są wyraźnie rzadkie, a znaczne ceny zaawansowanego nauczania zostałyby skondensowane przez dystrybucję uprzemysłowionych programów nauczania, oprogramowania, imprez w pracowniach, praktyk itp. już dostępnych. Nauczanie w dzisiejszych czasach pomoże uformować i określić nadchodzący zawód inżynierii środowiska (D.Q. Nguyen, 2011).

Rozdział 3: Edukacja w zakresie inżynierii środowiska

Pokazuje to aktualne nastawienie, metodę, standardy i dystrybucję nauczania inżynierii środowiska (E3) dla powstających republik. Ogólnie rzecz biorąc, inżynieria środowiska jest kształcona w prawie wszystkich głównych szkołach wyższych w krajach rozwijających się, głównie w ramach programów studiów inżynieryjnych. Istnieje pilny wymóg dyskursu szczegółowych działań, które są istotne przede wszystkim dla nowo powstających republik, z podziwem dla realizmu rozwoju i ekspansji. Główny moduł E3 w najbliższym czasie będzie kontynuowany w zakresie podstawowej higieny w większości nowo powstających republik, z wyjątkowym naciskiem na metodę konsumenta i popytu. W celu pokonania znacznych trudności środowiskowych w nowo powstających republikach, E3 powinien obejmować połączone zarządzanie wodą w mieście, utrzymanie higieny, odpowiednie umiejętności, czystszą produkcję, minimalizację ilości ścieków i zarys monetarny (Z. Ujang, 2004).

Nauczanie o inżynierii środowiska (E3) jest w umiarkowanym stopniu nowatorską korektą w dziedzinie inżynierii lądowej i wodnej, poświęconą inżynierii wodnej i kanalizacyjnej, organizacji odpadów stałych, regulatorowi zanieczyszczeń powietrza, doskonałości środowiskowej i demonstracji oraz organizacji ochrony środowiska. W trzech historycznych okresach, E3 była zdrowsza, uznawana za inżynierię zdrowia publicznego lub w niektórych przypadkach, inżynierię sprawności środowiskowej, wchłonięta głównie na higienicznej i obywatelskiej organizacji odpadów. Jednak od lat 90-tych XX wieku zmienił się nacisk na kontrolę odpadów produkcyjnych i modernizację procedur, szczególnie poprzez wprowadzenie czystszej produkcji i odzyskiwania odpadów w programie związanym z regulacją odpadów produkcyjnych. W kilku uprzemysłowionych szkołach wyższych, idea regulatora łączonego zanieczyszczenia, który konsoliduje średnią zanieczyszczeń, tj. wody, powietrza, gleby i ciała stałego, jest również częścią E3 (Z. Ujang, 2004).

E3 wypowiada się na temat wymagań wielu grup i obszarów. E3 charakteryzuje się różnorodnością ocen i metod uzależnionych od pomocy publicznej. W tabeli 10 przedstawiono odmienną grupę republik, na które E3 udziela odpowiedzi, przede wszystkim nacisk na umiejętności i programy badawcze. E3 dla republik wschodzących jest nowatorskim pomiarem, kładącym szczególny nacisk na wymagania krajów wschodzących w zakresie zaopatrzenia w wodę, higieny ekologicznej, zamiany zanieczyszczeń i organizacji ochrony środowiska. Ze względu na dokładne warunki socjoekonomiczne typowe dla większości krajów wschodzących, rozwija się on powoli z naciskiem na tanie umiejętności i proste schematy organizacyjne (Z. Ujang, 2004).

Tabela 11. Kontrast E3 pomiędzy republikami przemysłowymi, szybko uprzemysławiającymi się i wolno uprzemysławiającymi się (Z. Ujang, 2004).

Items	Industrialised countries	Fast-industrialising countries	Slowly-industrialising countries
E3 main considerations	Environmental protection and economic growth	Basic infrastructures for economic growth	Basic necessity
Standards	Meeting accreditation boards; international peer review	Meeting local accreditation boards	Meeting local accreditation boards
Local E3 programs	PhD, MSc, BSc	PhD, MSc, BSc	BSc
Course contents	Advancement in environmental engineering	E3 as similar to programs offered in developed countries; special related to various local issues	Special emphasis on low-cost solutions
Special requirements related to philosophy of E3	Advancement in scientific progress related to environmental issues	Address local issues, particularly related to industrialization and urbanization	Address local issues, particularly related to basic infrastructures, and management system
Special requirements related to course content	Advancement in course contents; flexibility in course delivery; e-learning	Course content should address the local environmental issues; low-cost high-performance technology	Course content should address the local environmental issues; low-cost technology
Special requirement related to teachers' qualifications	Highly qualified teachers (PhD with several years of post-doctoral research background)	Qualified teachers with wide exposure and high level of qualification (PhD)	Qualified teachers with wide exposure and high level of qualification (MSc)
Financial sponsors	Students' fees and government grants	Government grants	Government grants and donor agencies

Głównym testem E3 dla republik wschodzących, jako areny fachowego nauczania, jest szczegół, że 1,1 miliarda osób nadal nie ma dostępu do bezpiecznej wody pitnej, 2,4 miliarda osób nie ma dostępu do zdatnych do użytku udogodnień higienicznych, a mniej niż połowa odpadów komunalnych w republikach wschodzących składa się, a jeszcze mniej skłania się ku metodzie dobrze dobranej pod względem ekologicznym. Ta zasada wpływa na kary za niezdolność do pracy, takie jak około 4 mld przypadków biegunki rocznie, co powoduje 2,2 mln zgonów. Jest to równoznaczne z tym, że co 15 sekund znika jeden młody człowiek. Około 10% populacji w powstającej biosferze jest zarażone larwami dwunastnicy przede wszystkim niedożywieniem, anemią i opóźnionym rozwojem. Przewiduje się również, że 6 milionów osób jest w cieniu trachoma, a inne choroby bezpośrednio związane są z brakiem wody pitnej (WHO/UNICEF/WSSCC, 2000). Inne cechy E3, takie jak kontrola zanieczyszczeń produkcyjnych, trudności środowiskowe i problemy organizacyjne związane z ochroną środowiska, mogą być zarejestrowane jako drugi element na liście ważności (Z. Ujang, 2004).

Dystrybucja E3 dla krajów rozwijających się Ogólnie rzecz biorąc, dostarczanie E3 na poziomie college'u może być podzielone na trzy grupy, w zależności od lęku, sympatii, know-how i zarysu strategii, jako ścieżki:

- Szkoły wyższe w krajach rozwiniętych

- Wyższe uczelnie w rozwijających się republikach

- Szkoły wyższe współpracujące zarówno w republikach przemysłowych, jak i w krajach rozwijających się

Jeśli chodzi o pierwszą grupę, w Europie i Stanach Zjednoczonych istnieją liczne uczelnie i ośrodki badawcze, które od wielu lat prężnie działają w E3 i prowadzą dochodzenia dla nieprzemysłowych republik. Kolegium w Newcastle, Loughborough, Leeds i Surrey w Anglii, IHE-Delft w Holandii oraz Oddział ds. Wody i Sanitacji w Szwajcarskiej Narodowej Organizacji Wiedzy i Wiedzy o Środowisku w Szwajcarii. Główny nacisk w E3 położony jest na alokację informacji o prostych podbudowach, głównie w zakresie czystości, źródeł wody i organizacji odpadów stałych. Stopień wiedzy jest przeważnie niewielki i skromny, jak np. baseny do zatrzymywania odpadów i zainfekowane zbiorniki do odprowadzania ścieków oraz kompostowanie do organizacji odpadów stałych. W odniesieniu do wyników, grupa ta dostarcza godne uwagi produkcje ze względu na praktykę współczesnych metod przekazywania informacji, a także przemówienia, spotkania, odgrywanie ról, wideo, internet, wycieczki edukacyjne i spotkania na arenie. Niektóre z prezentowanych sekwencji obejmują również zaawansowaną i tanią wiedzę, poprzez upodobnienie do edukacji przypadków zarówno w krajach uprzemysłowionych, jak i rozwijających się. Pomimo ważnych datków przekazanych przez wiele szkół wyższych w zaawansowanych republikach, wymóg i status rozwoju zaawansowanej części edukacyjnej w krajach rozwijających się został obszernie udokumentowany przez głównych inwestorów na tej arenie. Między innymi, inżynieria środowiskowa została oceniona jako celowa korekta dla modernizacji i rozwoju przez wiele administracji, takich jak Malezja, Indonezja, Tajlandia, Republika Południowej Afryki, Izrael, Brazylia, Pakistan, Wietnam, Indie i inne. Na przykład w Malezji trzy główne uczelnie wyższe, tj. University Technology Malaysia (UTM), University Kebangsaan Malaysia i Universiti Putra Malaysia, prezentują inżynierię ekologiczną na wolnym poziomie jako szef, połączoną z inżynierią lądową lub chemiczną. E3 na etapie zaawansowania jest również prezentowana w tych uczelniach, oraz w pięciu innych kampusach obywatelskich. W Brazylii istnieje około 50 akademii, które prezentują E3 na poziomie BS. Największe z nich to sekwestrowane organizacje. Dzięki nowym strategiom, lokalne cechy są uprzywilejowane, a więc uczelnie mogą tworzyć lepsze programy, aby zgłosić lokalne zapotrzebowanie na zmiany. W ciągu ostatnich kilku lat, wiele szkół wyższych z krajów rozwijających się były energicznie indorsing programów pracy zespołowej w E3 z głównych kampusów i ośrodków badawczych w Europie, Stanach Zjednoczonych, Australii i Japonii. Podstawą pracy zespołowej jest pozycja własności dystrybucyjnych i współdziałanie w celu osiągnięcia lepszej dystrybucji E3. Na przykład, UTM agresywnie współpracuje z europejskimi współpracownikami, głównie z College of Newcastle w Anglii i Kolegium Metodologicznym w Danii, oraz Aalborg College w Danii w zakresie programów konwersacji, pobytów profesorskich, przekazywania informacji o rozpoznawalności i pracy zespołowej w dochodzeniach. W 2000 roku, Malaysian College Group on Setting and Growth została uznana, dotowana przez duńską administrację w celu przejęcia energii spółdzielczej na E3 na poziomie magistra. Poniżej tego zarysu pracy zespołowej, wymagania zarówno dla krajów rozwijających się, jak i zaawansowanych na E3 zostały zmierzone i zastosowane, głównie w odniesieniu do sposobu prowadzenia badań i kursów wewnętrznych (LUCED, 2003). W sytuacji MUCED, dwanaście jednostek zajmujących się dyscypliną ekologiczną i inżynierią zostało ukształtowanych, integrując wiele przypadków edukacji, które mają być stosowane nie tylko przez cztery szkoły wyższe w Malezji, ale przez innych, którzy mogą być wchłonięci. Podobnie, Uniwersytet Środowiska, Zasobów i Rozwoju w Azjatyckiej Organizacji Wiedzy w Bangkoku, w Tajlandii, ściśle współpracuje z SANDEC w Szwajcarii w zakresie higieny środowiska. Pomiędzy E3 a pozycją środowiskową w krajach rozwijających się Znaczące jest przesłanie, że inżynieria środowiskowa jest szkolona w prawie wszystkich głównych szkołach wyższych w krajach rozwijających się, głównie w ramach programów studiów inżynieryjnych. Dodając, program inżynierii chemicznej zabezpiecza nie-sanitarne mechanizmy E3, takie jak inżynieria procedur, regulator zanieczyszczeń produkcyjnych, odzyskiwanie odpadów i materiałów oraz dodawanie procedur. Ponieważ programy te miały miejsce w wielu krajach rozwijających się w latach 60-tych, można stwierdzić, że E3 była częścią ekspansji głównej społeczności i odizolowanych szkół wyższych w krajach rozwijających się. Ale tylko kilka z tych programów oczarowało do pełnej refleksji, że kondycja cielesna, a zwłaszcza społeczno-ekonomiczna w krajach rozwijających się jest raczej odmienna od tej w krajach przemysłowych. Ze względu na przemyślane ograniczenia w zakresie własności fiskalnej i humanoidalnej, większość gmin w krajach rozwijających się nie była w stanie wprowadzić w pełni konserwatywnych programów organizacji wody w miastach, a także kanalizacji i zadowalającego odprowadzania ścieków. Często akceptują i stosują fragmentaryczne metody, które mogą być nie do utrzymania, do miejskiej organizacji wody z nieodpowiednimi i nieodpowiednimi udogodnieniami dla zaopatrzenia w wodę i higieny. Ze względu na siłę kondycji, najważniejsze jest, aby sprostać krótkoterminowym wymaganiom. Przygotowanie, rezerwy i objętość do przyjęcia długoterminowej metody all-inclusive i łączonej są najwyraźniej nie do uzyskania. Dodatkowym aspektem przyczynowym jest to, że w wielu przypadkach obiekty są przygotowywane poprzez ingerencję zewnętrznego zaopatrzenia w stosunku do pieniędzy i umiejętności, gdzie nacisk kładziono głównie na aktualny stan stosując wiedzę uzyskaną od państw-darczyńców, bez polecenia włączenia konsultantów, organizatorów i badaczy w szersze problemy techniczne i organizacyjne. Konsekwencją tego jest to, że źródło wody, jest widoczne jako problem "autonomiczny", daleki od ujednoliconej organizacji własności wody oraz problemów związanych z dobrostanem i regulacją środowiska (Odendaal, 2000).

Pomiędzy brakiem zasobów wodnych a niedostatkiem środowiska Szybki rozwój suburbanizacji i postęp W przyszłości dalsza redukcja zasobów wodnych przez wzrastający świat będzie naprawiana przez niedostatek środowiska z powodu słabego regulatora zanieczyszczeń, głównie w krajach szybko mechanizujących się w ewoluującej ekosferze (Schertenleib i Gujer, 2000; Zehnder i in., 2003). Obecnie w wielu rozwijających się republikach podjęto wiele działań mających na celu przezwyciężenie niedostatku środowiska naturalnego. W Malezji, na przykład, oprócz nowych zasad i strategii, znaczna ilość aktywów została wchłonięta przez odpowiednie obiekty kanalizacyjne, centralne odprowadzanie i usuwanie odpadów niebezpiecznych, spalanie i higieniczne składowanie odpadów stałych i niebezpiecznych oraz reintegrację rzek. Inne narody, takie jak Republika Południowej Afryki i Tajlandia, mają podobne programy, w których szczególny nacisk położono na stosowanie nadających się do konserwacji dóbr ekologicznych. Kluby zajmujące się minimalizacją odpadów, założone przez College of Natal w RPA, są godnym szacunku przykładem stowarzyszenia szkół wyższych zajmującego się powstrzymywaniem zanieczyszczeń i produkcją detergentów (Barclay and Buckley, 2001). Ponadto od 1984 roku Chiny stosują nowatorskie działania oparte na głównej zasadzie i schemacie wytycznych dotyczących przewidywania i regulowania zanieczyszczeń wody, które zostały ponownie rozważone w 1996 roku (Zhang i in., 2002). Indonezja znajduje się we wczesnej fazie zarządzania wodą przy zastosowaniu metody dorzecza (Ujang i Buckley, 2002). Programy ochrony środowiska, takie jak instytucja wartości środowiskowych i procedury regulacji zanieczyszczeń, są jednak chronologicznie stosowane później niż w przypadku republik uprzemysłowionych, takich jak Japonia, Stany Zjednoczone i niektóre republiki europejskie. Zazwyczaj wydarzenia w rozwijających się republikach mają na celu powielanie wiedzy w republikach uprzemysłowionych bez rozważania wzrostu technicznego know-how i rozwoju zdolności reagowania na środowisko wśród całej społeczności. Na przykład w Japonii sekwencyjny wzrost w dziedzinie ochrony środowiska wynikał przede wszystkim z rozwoju wśród ogółu społeczeństwa na terenach wiejskich trudności związanych z ochroną środowiska i kondycją fizyczną oraz z opisu licznych zanieczyszczeń. W związku z tym, zarys moralności środowiskowej dla wielu typów zanieczyszczeń i procedur regulujących odpływy został przedstawiony chronologicznie, nierównomiernie raz na każdy okres, jak pokazano na Wykresie 9. Na przykład, w latach 60-tych XX wieku, w celu regulowania żywych zanieczyszczeń pochodzących ze ścieków krajowych, zindustrializowano i prawidłowo zastosowano wiedzę na temat mułów i biofilmów. Następujące zanieczyszczenia, takie jak odpady produkcyjne, substancje odżywcze i niebezpieczne chemikalia, zostały później uwzględnione w rozważaniach dotyczących wartości doskonałości środowiskowej i regulacji zanieczyszczeń (Magara, 2002). Zazwyczaj zadowalające jest w przybliżeniu to, że odpowiednie umiejętności są już możliwe do uzyskania, aby traktować sekwencję zanieczyszczeń, jak pokazano na Rysunku 9, w formie "pakietu", bez konieczności przechodzenia przez podobne fazy do zastosowania, tak jak znają to Japonia i inne kraje uprzemysłowione, tj. W chwili obecnej wiele krajów wschodzących ma do czynienia ze skażeniem wody w sposób szczególny, jak pokazano na Rycinie 10, gdzie stopień rozwoju i wzrostu szybko zwiększył się od lat 80-tych do chwili obecnej. Cztery lekcje dotyczące zanieczyszczeń (krajowych, produkcyjnych, odżywczych i toksycznych) mają miejsce natychmiast i nie są wyczuwalne kolejno, jak na Rycinie 10. W tej sytuacji zdarzenia związane z zamianą zanieczyszczeń środowiskowych nie powinny być niedoskonałe dla metody sekwencyjnej. Kolejność działań w zakresie oczyszczania ścieków nie powinna zasadniczo odzwierciedlać historycznego trendu w krajach rozwiniętych. Konserwatywna metoda "końca rury" powinna zostać zmieniona metodą, która podejmuje trudności w fundamentowaniu (Larsen i Gujer, 2000). Wiele "progresywnych" umiejętności nie ma klasy, jeśli powstrzyma się je od stosowania analizy kosztów i korzyści, biorąc pod uwagę cenę związaną z kondycją społeczności, wyższością ekologiczną, możliwością uprawiania ekoturystyki i zrównoważonym rozwojem zasobów wodnych. W miarę jak rekompensaty za "produkcję detergentów" są coraz szerzej uznawane, związek między wzrostem finansowym a niedostatkiem środowiska naturalnego jest coraz bardziej pęknięty. Dlatego też, wiele krajów rozwijających się posiada tytuł do "zaawansowanych technologicznie" odpowiedzi, takich jak rozwój i stosowanie wiedzy o membranach w celu eliminacji mikro-zanieczyszczeń, takich jak metale ciężkie i chemikalia zaburzające gospodarkę hormonalną oraz produkcja ultraczystej wody do produkcji elektrycznej. Biedne kraje wschodzące. Z drugiej strony, wiele krajów wschodzących stoi na czele bardzo problematycznego stanu gospodarczego, charakteryzującego się radykalną nieprzewidywalnością i niszczeniem środowiska. W wielu przypadkach posiadanie wody jest niepełne, a jej wyższość pogarsza się, głównie w strefach miejskich Afryki i Azji Południowej. Problemy związane z zanieczyszczeniem wody nie są jednak kluczowym problemem, ponieważ inne problemy są bardziej uporczywe, takie jak bezpieczeństwo narodowe lub etniczne, możliwość uzyskania żywności i powszechny regulator (Ujang i Buckley, 2002). Ogólnie rzecz biorąc, trudności w tych rozwijających się krajach mogą być skrócone jako tory: - Brak świadomości ekologicznej wśród popularnych twórców strategii i całej społeczności sprawiają, że stan, w którym elementy organizacji wody i ścieków są mniej istotne niż inne elementy, takie jak zezwolenia wojskowe, rozwój dróg, elektryczność, nauczanie masowe i fitness udogodnienia opieki. - Niewystarczająca wiedza, ze względu na przerwy pomiędzy doskonałymi strategiami a ich zastosowaniem. - Nieodpowiednie strategie w zakresie ochrony zasobów wodnych, np. brak prawnych warunków zapobiegania wylesianiu w strefach zlewni. - Niewystarczające środki na programy zaopatrzenia w wodę i higieny z powodu konkurencyjnych wydatków społecznych ze względu na szybki rozwój i tempo rozwoju populacji. - Nieodpowiednie zasoby wodne, w szczególności w częściach suchych i miejskich. - Nieodpowiedni program organizacji i oficjalne wsparcie w zakresie przygotowania źródeł wody i urządzeń sanitarnych. Ponieważ konserwatywne metody inżynierii środowiskowej wyraźnie nie są w stanie znacząco zmienić nagromadzonych zasobów, co nadal ma miejsce w wielu krajach rozwijających się w odniesieniu do podstawowych obiektów, Spółdzielnia Wodociągowa i Higieniczna powołała się ostatnio na gruntowną renowację konserwatywnych zasad i prowadzi działalność w zakresie higieny środowiskowej (Schertenleib, 2001). Zażądano, aby kraje rozwijające się nie brały udziału w wyjaśnianiu ogólnoświatowego niedostatku środowiska i zmniejszaniu się zasobów wodnych. Pojawił się również szeroki pogląd, że nacisk na działanie i podstawę wiarygodnych wyjaśnień leży po stronie państw wnoszących wkład i działań, jak również organizacji instruktażowych i badawczych w krajach uprzemysłowionych. Tak więc, od około 40 lat, liczne wydarzenia mające na celu rozwiązanie problemów organizacji wodociągów i kanalizacji w krajach rozwijających się, koncentrowały się głównie w Europie, Stanach Zjednoczonych i Japonii. Z drugiej strony, naukowcy i specjaliści z krajów rozwijających się uwielbiali ich nauczanie i ćwiczenia w tych republikach (Ujang i Buckley, 2002). Śledztwa i nauczanie Od lat 90. wiele krajów rozwijających się wspierało swoje programy śledcze i dydaktyczne w szkołach wyższych i organizacjach badawczych, częściowo w celu obniżenia cen rozwoju podaży antropologicznej poprzez zmniejszenie liczby naukowców wysyłanych do szkół wyższych w Stanach Zjednoczonych lub Europie. W takich republikach jak Malezja, RPA, Indonezja, Egipt, Brazylia i Tajlandia główny program rozwoju dostaw antropologicznych dla inżynierów i ekspertów w dziedzinie ekologii nie znajduje się już w republikach uprzemysłowionych, otwierając tym samym szansę na zbadanie podstaw trudności w organizacji wodno-ściekowej od wewnątrz cywilizacji. Na przykład w Malezji od 1995 r. liczba absolwentów szkół wyższych w zakresie organizacji wodociągów i kanalizacji w kraju wynosi ponad 100 osób rocznie (Z. Ujang, 2004).

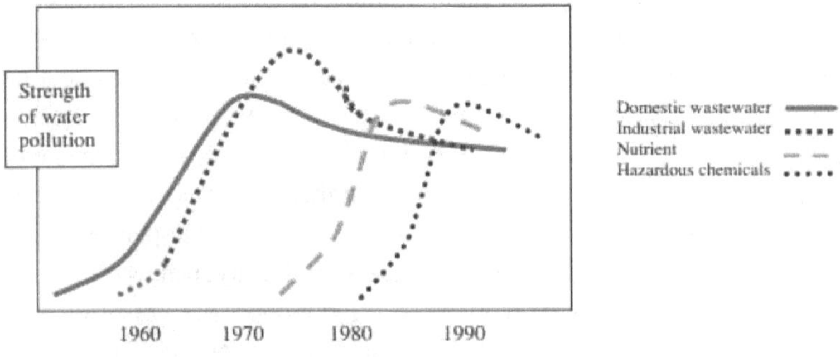

Rysunek 9. Historia zanieczyszczenia wody w Japonii (źródło; Magara, 2001)

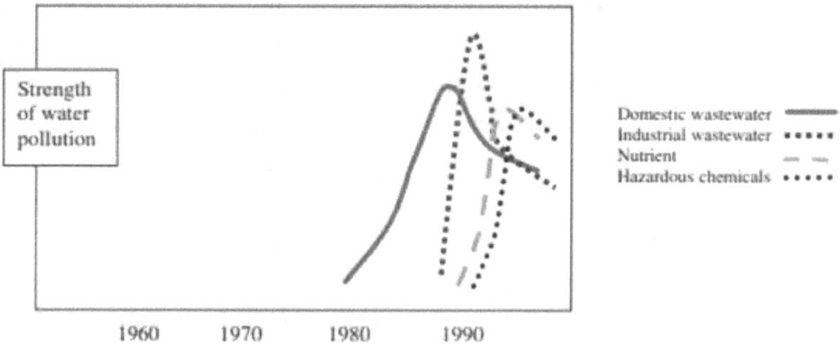

Rysunek 10 Obecna sytuacja w krajach nowo uprzemysłowionych (Źródło: Magara, 2001; Z. Ujang, 2004).)

Programy Progress potrzebują naukowców, aby podjąć dochodzenie. Tak więc wiele nowych szkół wyższych w rozwijających się republikach jest głęboko skomplikowanych w teoretycznym i praktycznym dochodzeniu, a w przypadku niektórych rzeczy ze znacznymi pieniędzmi od dawców, głównie europejskich. Jest to bardzo znaczący wzrost, który spowodował przykładową zmianę w stresie i sposobie prowadzenia badań na polu organizacji wody i ścieków. W historii, kiedy większość programów dochodzeniowych dotyczących powstających republik była pokazywana w republikach uprzemysłowionych, przykład był bardziej w kierunku służenia rozwijającym się narodom z rezerwy. Chociaż nowy przykład dotyczy raczej struktury wielkości krajowej w badaniach i technicznego know-how, jak pokazano w tabeli 12. Wiele programów badawczych, które są obecnie uruchamiane, zależy od wymagań mieszkańców, kierując się najtrudniejszymi i najbardziej zanieczyszczonymi częściami, takimi jak w przypadku Malezji olej palmowy, guma, tekstylia i galwanizacja, podczas gdy w Tajlandii ukierunkowano się na akwakulturę i przedsiębiorstwa związane z żywnością oraz proces wydobywczy w RPA. W tym nowatorskim przykładzie istotne jest, aby kraje wschodzące ustanowiły własne badania organizacji wodociągowych i kanalizacyjnych oraz pilne działania edukacyjne. Absolutnie nie jest to właściwe, aby beztrosko akceptować pilne kwestie, które są typowe dla krajów uprzemysłowionych Północy. Metoda forward E3 w rozwijających się republikach powinna obejmować nie tylko podstawową higienę, ponieważ wiele rozwijających się krajów stoi na czele postępu i szybkiego rozwoju. Baza danych E3 powinna również obejmować cechy zanieczyszczeń produkcyjnych, takie jak minimalizacja odpadów, biologia produkcji i produkcja detergentów. Chociaż w stopniowo zmieniających się krajach higiena i zaopatrzenie w wodę będą nadal stanowić kluczowe mechanizmy E3. I istotne jest, aby w zawartości progresji E3 dla tej konkretnej części zawrzeć obecne trudności i metodę rozwiązywania problemów. W celu rozwiązania problemów, z którymi zmagają się rozwijające się narody, należy ponownie przyjrzeć się programom dotyczącym źródeł wody i higieny, zaplanowanym przez wielu specjalistów i działań. Cairncross (1992) badał program dotyczący higieny i źródeł wody w powstających republikach i fakultatywnie wiele szkoleń stosowanych w przyszłości. Ocena ta była uzależniona od okresu globalnego zużycia wody i higieny (1981-90) i miała na celu zaoferowanie tanich udogodnień w zakresie usuwania odpadów ubogim grupom społecznym w krajach rozwijających się. Głównym przykładem było to, że rozwój i trwający sukces zależy w największym stopniu od odpowiedzi na prośbę klienta i że obiekty nie powinny być w większości przypadków obiektami źródłowymi. Jest to również podstawowy punkt widzenia stojący za metodą higieny ekologicznej zorientowaną na gospodarstwa domowe, która została dopuszczona przez WSSCC (WSSCC/SANDEC, 2000). Ponieważ to klient powinien być głównym motorem napędowym, świadomość i publiczne nauczanie stało się dominujące w zapewnianiu źródła wody i udogodnień higienicznych. Administracje powinny projektować i strategować urządzenia i udogodnienia, ale społeczeństwo powinno również brać udział w wyborach związanych ze stopniem trudności systemów, które mają być stosowane (czy suma usług powinna być zależna od pełnej stawki lub sponsorowana?) oraz ochroną stolic wodnych przed zanieczyszczonym i nietrwałym wzrostem. W wielu miejscach pompy ręczne są stosowane długookresowo dla źródeł wody. Dlatego też strażnicy publiczni powinni mieć umiejętności przyjmowania, stosowania i konserwacji urządzeń. Jednak wiele edukacji i wiedzy praktycznej w rozwijających się republikach zależy od ubogich grup społecznych. Mniej uwagi poświęca się republikom szybko rozwijającym się, takim jak Malezja, Tajlandia i Republika Południowej Afryki. Ponieważ są to republiki, w których wyższość wody jest niezwykle upokarzająca z powodu uwolnień produkcyjnych i zanieczyszczeń ze źródeł nie punktowych, nietypowe plany i repliki chcą być tu uprzemysłowione. Reprezentacje zindywidualizowane dla narodów ubogich z pewnością nie są odpowiednie, podobnie jak te z uprzemysłowionych republik. Duńska Organizacja Współpracy na rzecz Środowiska i Rozwoju posiada ogromną wiedzę na temat zatrudnienia w tych trzech republikach, kierując się kilkoma ważnymi czynnikami w zakresie ochrony środowiska i regulacji zanieczyszczeń oraz dynamicznie wskazując na pojęcie produkcji detergentów i możliwego do utrzymania wzrostu. Na niższą skalę, uczelnie takie jak UTM, College of Natal i AIT wykazały się wykształceniem, które zapewnia reprezentację dla organizacji doskonałości wodnej. Jednakże, więcej edukacji ma na celu rozszerzenie punktu widzenia i możliwości zastosowania. Podejście E3 dla nieprzemysłowych republik do przytłoczenia trudności w ewolucji narodów w organizacji wodociągów i kanalizacji, niektóre zasady powinny być rozsądnie ostrożni w sekwencji E3 insides i sposób badania, jak ścieżki. Kombinowana organizacja wody w mieście Kombinowana organizacja wody w mieście sugeruje metodę kombinowaną w przygotowaniu i zastosowaniu wszystkich działań i mechanizmów związanych z wodą, obejmuje organizację wody i ścieków, odpady stałe i niebezpieczne, cechy finansowe i komunalne, a także własność publiczną i dominację. Środowisko miejskie stanowi doskonałą scenę dla oryginalnej organizacji wody połączonej (Odendaal, 2000), a rozwijające się narody są dobrze usytuowane, aby wprowadzać innowacje w tym zakresie. IUWM w powtórzeniu spadło do poziomu zlewni, co również jest uznawane za organizację zlewni połączonych. Czy rozwijające się republiki mogą przyjąć IUWM? Utrzymanie higieny Wsparcie higieny może być różne jako schemat higieny, który jest ściśle władczy, społeczno-polityczny, metodologicznie niezawodny, starannie rozsądny, który zużywa znikomą ilość energii i dobytku o najmniejszym wpływie niepożądanym oraz odzyskuje substancje praktyczne. Pojęcie utrzymywanej higieny podkreśla trzy główne mechanizmy: rozstanie przy założeniu, reorganizację i recykling. Odpowiednia wiedza Niektóre cechy higieny utrzymywanej w czystości są identyczne z pojęciem odpowiedniej wiedzy. Ogólnie rzecz biorąc, odpowiedni dochód jest odpowiedni i możliwy do utrzymania. Dlatego odpowiednia wiedza o wodzie i ściekach oznacza w tym przypadku odpowiednią i możliwą do utrzymania wiedzę dla krajów rozwijających się. Jednak to, co jest odpowiednie w Tajlandii, może nie być odpowiednie w Nepalu czy Ghanie. Istnieje wiele cech, które opisują odpowiedniość i niezawodność, takich jak cechy pieniężne, know-how, oficjalne, czasowe i środowiskowe. Niegdyś dwudziestowieczne stawy ochrony odpadów były wiodącymi procedurami oczyszczania ścieków w strefach miejskich w Malezji. Chociaż ze względu na ograniczenia monetarne i praktyczne, w szczególności cenę eliminacji substancji odżywczych na lądzie i nieodpowiednią ich ilość, stawy stabilizujące odpady nie są już odpowiednie dla stref miejskich w Malezji. Znaczenie i przekazanie odpowiedniej wiedzy zależy więc od czasu, obszaru i cech społeczno-ekonomicznych. Czystsza produkcja Rozwój jest energiczny dla szybkiego rozwoju finansowego. Tak więc wiele administracji krajów rozwijających się posiada strategie, które mają na celu inspirowanie i przyspieszenie rozwoju przez atrakcyjne firmy międzynarodowe, aby poświęcić się w swoich krajach i zakładaniu roślinności przemysłowej. W tym stanie istotne jest przyjęcie strategii czystszej produkcji, w której tylko "czysta" roślinność może być dopuszczona do funkcjonowania. celem produkcji detergentów jest brak zanieczyszczeń. Powtarzając, nie wszystkie odpady mogą być po prostu zakazane, zakonserwowane, poddane recyklingowi lub użyte przy zastosowaniu zaawansowanych technik ochrony środowiska, i zazwyczaj są pewne odpady do ostatniego usunięcia. Dlatego bezstronne powinno być zmniejszanie pojemności i trucizny tych odpadów, aby można je było skutecznie osiągnąć w sposób przyjazny dla środowiska. Niezwykłą uwagę należy zwrócić na niepokoje środowiskowe mieszkańców. Minimalizacja ilości ścieków Działalność produkcyjna zazwyczaj pochłania duże ilości majątku i energii, np. zasobów rzecznych i surowych, co prowadzi do istotnych uwolnień do środowiska. Te uwolnienia produkcyjne doprowadziły do problemów z zanieczyszczeniem środowiska naturalnego na całym świecie. Tak więc, upust ścieków z działalności produkcyjnej jest najwyższy dla istnienia rozwoju humanoidów (Ujang, 2000). Minimalizacja ścieków w zakładzie produkcyjnym to metodyczny wysiłek w celu osiągnięcia kolejnych celów: - Zmniejszenie picia w jeziorze. - Minimalizacja emisji ścieków poprzez obniżanie opłat za odprowadzanie ścieków. - Obniżenie cen w zakresie organizacji gospodarki ściekowej. Pieniądze Wiele znaczeń w krajach rozwijających się zależy od terenów pieniężnych. Kraje rozwijające się są zasadniczo krajami biednymi, a uprzemysłowione sugerują kraje bogate. Dlatego też większość krajów rozwijających się nie jest w stanie sprostać ekonomicznym warunkom dostaw wody i programów higieny. Jak mogą one pokonać te trudności finansowe? Łatwe postępy nie są odpowiedzią dla wielu republik. A odległa pomoc rozwojowa nie wystarcza w relacjach ilościowych i punktowych. Tak więc konieczne jest zaplanowanie zarysu zabezpieczenia pieniężnego dla wschodzących republik na okres XXI. Podejścia dystrybucyjne Niebezpiecznie jest również podróżować z opcją rozpowszechniania podejść dystrybucyjnych w E3 od metod konserwatywnych do współczesnych. W podejściu współczesnym i nowoczesnym metody obejmują akceptację danych i umiejętności wypowiedzi w celu zmaterializowania idei e-learningu lub światowej strony internetowej. Takie nowości zmniejszą brak zdolnych edukatorów, głównie w biednych republikach. Poprzez przyjęcie odpowiednich technologii ICT, doskonałość dystrybucji E3 będzie odpowiednia, podobna do zasobów zwykle przewożonych w wielu szkołach wyższych w krajach uprzemysłowionych. E3 jako kwalifikowana korekta szybko się uprzemysłowiła, a także w krajach rozwijających się. Nacisk i plan E3 na najbliższe lata w znaczący sposób przyczynią się do zwiększenia efektywności E3 w dostarczaniu specjalistów, zarówno pod względem ilości, jak i wyższości, w rozwiązywaniu problemów związanych z degradacją środowiska, płatnych za szybki rozwój i procedury rozwoju (Z. Ujang, 2004).

Tabela 12 Rozwój w E3 i dochodzenie dotyczące zmieniających się republik (Ujang i Buckley, 2002; Z. Ujang, 2004).)

Period	Themes	Objectives
1950–1970s	• Low-cost technologies e.g. waste stabilization ponds, slow sand filtration, septic tanks •Labour intensive systems •Ease of maintenance or upgrading	• Satisfying the requirements of donor agencies • International funding purposes • Basic public health infrastructures
1980s	•Optimisation and upgrading of low-cost technologies • Public health improvement • Environmental protection	• Rapid urbanization requirements • Satisfying the requirements of donor agencies • International funding purposes
1990s	• Cost-effective-high-performance technologies e.g. SBR, membrane technology and adsorption • Management system for better governance • Cleaner production for competitive edge	• Academic research programme • Rapid industrialization • Rapid urbanization • Meeting international standards

Rozdział 4: Globalny model inżynierii środowiska

Nastąpił montaż metod do rozwoju programów w instrukcjach inżynierii środowiska, zwykle przy braku pełnej uwagi na problemy środowiskowe i połączenie tych problemów z inżynierską substancją przedmiotową. Tak więc, pełne badanie jest niezbędne do wsi, plan, ekspansja, zastosowanie i skuteczność światowego programu inżynierii ekologicznej. Jest to wspaniała pozycja w erze szybkiej ekspansji, gdzie zrównoważony rozwój, możliwy do utrzymania wzrost i inżynieria środowiskowa są ważnymi tematami, które należy rozpocząć od współczesnych instrukcji inżynieryjnych, ponieważ będą one regulować podstawy informacji, usług i postaw istotnych dla rozwoju inżyniera na całym świecie w 21 okresie. Globalne Centrum Nauczania Inżynierii UNESCO przyjęło ostatnio nowy program badawczy, aby osiągnąć ten warunek. Przedstawia on wrażenie programu badawczego, rozważającego główne braki w edukacji inżynierskiej w zakresie ochrony środowiska na tle obecnej sytuacji na świecie. Przyjęta praktyka badawcza, która obejmuje szeroki wachlarz etapów i działań badawczych. (Duyen Q. Nguyen, 2002).

Global Environment Outlook 2000 Programu Narodów Zjednoczonych ds. Ochrony Środowiska (United Nations Environment Programme) stwierdza, że istnieją takie statusy: Dwie nadrzędne tendencje opisują otwarcie po raz trzeci. Po pierwsze, światowy system jest zagrożony poważnymi nierównościami w produkcji i w dostarczaniu nieruchomości i obiektów. Znaczna część ludzkości nadal żyje w straszliwym niedoborze, a przewidywalne tendencje wskazują na rosnące odchylenia pomiędzy tymi, którzy czerpią korzyści z ekspansji finansowej i technicznej, a tymi, którzy tego nie robią. Ten niemożliwy do utrzymania rozwój nadmiaru dobrobytu i niedoborów wpływa na stałość cywilizacji jako całości, a wraz z nią na światowe środowisko. (Duyen Q. Nguyen, 2002).

Dokument to potwierdza: Co więcej, biosfera doświadcza gwałtownych zmian, a za rozwojem finansowym i społecznym stoi skoordynowana globalnie ochrona środowiska. Postęp ekologiczny, wynikający z nowej wiedzy i strategii, jest przekazywany wraz z krokiem i skalą rozwoju społeczeństwa i wzrostu finansowego. Procedury globalizacji, które tak silnie pobudzają rozwój społeczny, chcą być wchłaniane w kierunku decydowania, a nie irytujących, przemyślanych nierówności, które dzielą dzisiejszy świat. Jest to trwała pewność pisarza, że określenie tych nierówności jest jedyną metodą potwierdzenia bardziej podtrzymywalnej przyszłości dla Ziemi i cywilizacji (Duyen Q. Nguyen, 2002).

Może być możliwe wzmocnienie dodatkowej znaczącej tendencji do wypierania. Światowy budżet staje się coraz bardziej symbiotyczny, a więc niezliczona ilość dobrze wykształconych inżynierów będzie musiała ostrożnie współpracować ze swoimi zagranicznymi uzupełnieniami. Nie ma wątpliwości, że próby osiągalne dzięki globalizacji są niezliczone, a energia jest wykładnicza. Zwłaszcza w przypadku Kontraktu Genewskiego w sprawie Taryf Celnych i Umiejętności, który ma zostać zastosowany na początku XXI wieku, więcej ekspertów i naukowców zostanie zatrudnionych w kierunku globalizacji: będą oni zatrudnieni w pobliżu i w sposób przemyślany na arenie międzynarodowej. Uczelnie będą stopniowo rywalizować w dwóch częściach. Pierwsza to doskonałość w nauczaniu - doskonałość ich absolwentów - ponieważ szanse dla absolwentów będą miały charakter globalny. Wielkie firmy będą strzelać uniwersalnie, aby najlepsi absolwenci mogli włączyć ich do swoich rządów. Wówczas opozycja będzie w dochodzeniu i wzroście. Eksperci śledczy i inżynierowie będą coraz bardziej skomplikowani w opozycji do I&G, w dochodzeniu w sprawie doskonałości, które ma cel. Badran powiedział kiedyś, że uczelnie w szczególności, musi odzwierciedlać międzynarodowe w zakresie nauczania prezentowanego w inżynierii. Jensen zdecydowanie uważa, że nie ma metody na uniknięcie tej planowanej procedury globalizacji/międzynarodowości w dzisiejszej ekosferze, gdzie rywalizacja jest silna i ogólnoświatowa. Wcześniej, w wyniku globalizacji, wiele organizacji w Niemczech zmuszonych było do aktualizacji i tworzenia nowych programów. Określają statusy, że ci, którzy nie zetkną się z tym nowym testem, przegrają na niezwykle skromnym, światowym rynku nauczania. Jedną z istotnych cech globalizacji w nauczaniu jest kształtowanie wspólnych wartości. Ramos okoliczności, że musimy umiędzynarodowić ogólnoświatowe wartości nauczania inżynierskiego, jeśli chcemy mieć inżynierów o pobliskich kształtach, aby móc konkurować z innymi inżynierami z innych krajów i wytrzymać w niezwykle skromnej biosferze. Energiczne jest to, że nauczanie w szkołach wyższych dyskursuje tę pewność globalizacji i prowadzi swoich uczniów w kierunku globalnej, kompletnej metody, która wiąże się z filozofiami w całej biosferze. To właśnie tam umiędzynarodowienie programów staje się niezbędne. Pudłowski rozumie, że ze względu na rezultat globalizacji istnieje odrębny klucz do rozwoju prospektu ogólnoświatowego w celu przezwyciężenia niektórych problemów, z którymi zmagają się rozwijające się kraje w radzeniu sobie z nowymi postępami w wiedzy i procedurach wytwarzania. Wierzy on w modernizację instrukcji inżynieryjnych, która miałaby wtedy ogólne, optymistyczne konsekwencje dla procedury globalizacji. Proponuje on również, aby prospekt ogólnoświatowy był zorganizowany w sposób powiązany i zawierał dużą ilość tematów (komponentów), zarówno podstawowych, jak i celowych. W ten sposób powstałby tzw. bank tematów. Tematy podstawowe byłyby opcjonalne dla zwykłego programu globalnego, podczas gdy tematy do wyboru mogą być wyznaczane przez oddzielne kolegia w celu zaspokojenia potrzeb rezydenta i oddzielnego zaopatrzenia. Taki ogólnoświatowy program może oferować odpowiedź na osiągnięcie ogólnoświatowych wartości autoryzacji, a nawet może całkowicie usunąć niezbędne dla każdej procedury autoryzacji. W tym schemacie badania, wysiłki zostaną zakończone w celu opracowania ogólnoświatowego programu nauczania inżynierii środowiska. Światowy program miałby wtedy wiele różnych zarzutów dotyczących kolejnych:

- Ruch pracowników i naukowców na całym świecie.

- Autoryzacja sekwencji na światowym bazarze.

- Zasługa doświadczeń na światowym bazarze.

Oczekuje się, że w związku z rozwojem światowego prospektu emisyjnego, instruktaż inżynierski zyska na różnorodności postępowania: - Zwiększanie możliwości instruktażu wpłat na odległość.

- Potwierdzenie poziomu spójności w licznych programach na sugestie.

- Dystrybucja i przekazywanie udogodnień edukacyjnych pomiędzy organizacjami na odległość.

- Uzupełniające kraje rozwijające się na arenie międzynarodowej.

- Budowa zestawu przedmiotów, np. przyborów do nauki, artykułów dydaktycznych itp. , które mogłyby być przyjęte i wykorzystane przez inne organizacje.

- Oszczędność czasu i majątku pieniężnego w ekspansji oczywiście dostaw.

Próba opracowania ogólnoświatowego prototypu dla inżynierii środowiska obejmuje:

- Eliminowanie trudności rozpoczyna się w programach inżynierii środowiska starego typu.

- Klasyfikacja topografii rdzenia pod kątem obecności.

- Uporządkować program odpowiedni na światowe zapotrzebowanie z niewielkimi zmianami w celu ujednolicenia sytuacji rezydenta.

- Tworzenie programu, który jest ruchomy i handlowy na skalę międzynarodową.

- Dostarczanie tematów, które poprawią informacje i usługi naukowców w celu rozwiązywania problemów związanych z ochroną środowiska.

Dyskusja na temat środowiska naturalnego toczy się już od ponad czterech okresów i nadal pozostaje palącą kwestią w programie, zarówno na szczeblu rządowym, jak i nieformalnym. Nieodpowiednio, w inżynierii środowisko naturalne było rozważane tylko przez krótki czas historyczny. Tam być ważny deliberacja i rozmowa o inżynier żądać wyrafinowany o środowisko, strefa który dezerterować w przeszłości nauka. Oczekuje się, że inżynierowie nie tylko będą mieli jakąś metodę nauczania o środowisku, ale także będą mieli energetyczny charakter w rozwiązywaniu problemów środowiskowych. Wrażenie to pojawiło się, ponieważ inżynierowie są rozumiani jako problematyczni, a także jako wyjaśnienie trudności środowiskowych. Travers daje godny szacunku przykład tego, jak inżynierowie mogą zmniejszyć obie grupy. Twierdzi on, że wiele z tych trudności środowiskowych obecnego stanu rzeczy powstało prawdopodobnie w wyniku praktycznych rozszerzeń, za które zawód inżyniera był przynajmniej częściowo odpowiedzialny. Z drugiej strony, wiele z wyjaśnień do tych samych trudności jest również praktycznych i ponownie w ramach odpowiedzialności inżyniera. Chociaż może to być proste w modelu, trudniej jest to osiągnąć w powtórzeniu. Dając to Traversowi, wynika to z faktu, że trudności środowiskowe są wielopłaszczyznowe i wymagają dostarczenia informacji i wiedzy z wielu różnych poprawek. Obecne programy są nadal bardzo słabo zaabsorbowane i niewiele uwagi poświęca się cechom środowiskowym. Chociaż większość z nich decyduje się i przyjmuje, że wszyscy inżynierowie chcą być poddani jakiejś procedurze nauczania o środowisku, to jednak obowiązek ten nie wydaje się być mocno odzwierciedlony w aktualnych prospektach. Ponadto, dzisiejsi inżynierowie są zaniepokojeni i umocnieni do rozważań i ćwiczeń na tej ścieżce utrzymania wzrostu, produkcji środków czystości, bardziej ekologicznej wiedzy, projektu biologicznego, odstraszania i ponownego przetwarzania odpadów, kompetencji energetycznych, ochrony zasobów i obrony środowiska. Wszystko to są ważne tematy w przyszłości ekspansji inżynierskiej i wchodzą w zakres tej nowatorskiej części edukacyjnej inżynierii środowiska. Poprawka przedstawiona na australijskich uczelniach pięć lat temu i po raz pierwszy zrealizowana w

Stanach Zjednoczonych Ameryki. Inżynieria środowiskowa jest niewątpliwie znaczącą strefą i będzie się powiększać w najbliższym czasie w miarę pogarszania się trudności środowiskowych. Jeśli taka jest prawdopodobna sytuacja na ziemi w przyszłości, pojawi się zaawansowana prośba o więcej władz środowiskowych, a konkretnie: inżynierów ochrony środowiska, którzy mają odkryć, aby rozwiązać te trudności (Duyen Q. Nguyen, 2002).

Osiągnięcia takie mogą być osiągnięte tylko przy dobrym nauczaniu i ćwiczeniach oraz poprzez dobrze skonstruowany i zaplanowany program w inżynierii środowiska. Arena inżynierii środowiska może mieć ogromny wpływ na ogólny zawód inżyniera. Niektóre z tych czynników obejmują: zwiększenie liczby kobiet inżynierów, rozwijanie umiejętności w zakresie ochrony środowiska w celu rozwiązywania problemów środowiskowych, cywilizowanie wyższości życia poprzez zachowanie własności, doskonalenie kompetencji w zakresie produkcji poprzez powtórne przetwarzanie kreatywności, zwiększenie podwójnej liczby inżynierów w społeczeństwie i wreszcie wspieranie globalnego zrównoważonego rozwoju. Doskonałe określenie testu zrównoważonego rozwoju dla inżynierów zostało zaplanowane przez Dona Robertsa. Zwrócił on uwagę na istotne mechanizmy, które muszą być brane pod uwagę przez inżynierów, jeśli zrównoważony rozwój ma pokazać imperatywny charakter w inżynierii. Należą do nich tematy wahające się od wzrostu rezerw i zwrotów, procedury, zmiany własności i dekoracji konsumpcyjnych, renowacja środowiska, zużycie i produkcja energii oraz schematy transportu. Proponuje on również dwa sposoby postępowania, w których można osiągnąć przyjazne dla środowiska metody i zrównoważony rozwój w edukacji inżynierskiej. Jedną z nich jest umożliwienie wszystkim inżynierom kontaktu z uniwersalnym nauczaniem w dziedzinie ochrony środowiska, a jednocześnie przywrócenie ich profesjonalnej areny powtarzalności. Druga sugestia dotyczyła zatrudnienia 25% przyszłych inżynierów i wyszkolenia ich jako generałów ochrony środowiska poprzez przygotowanie ich do szerszego szkolenia, zdobycia wykształcenia w zakresie ekologii, inżynierii, prawa, pieniędzy, ludzi itp. Doskonałość Robertsa w zakresie zrównoważonego rozwoju została ujawniona na rysunku 11. Thom sprecyzował, że w inżynierii pojawiła się nowa praktyczna filozofia, która wymaga zasadniczej zmiany w kierunku czystszej produkcji, kompetencji w zakresie energii i podtrzymywania wiedzy inżynierskiej. Messerle podkreślił również, że w nauczaniu inżynierskim jest możliwa do utrzymania ekspansja.

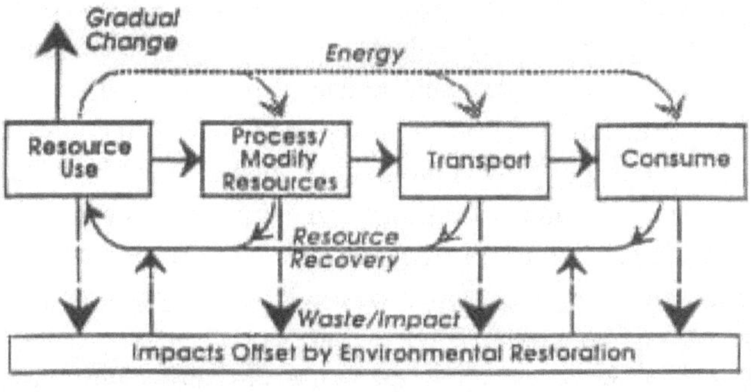

Rysunek 11: Ideał zrównoważonego rozwoju planowany przez Robertsa (Duyen Q. Nguyen, 2002).

Varcoe porusza istotny problem zrównoważonego rozwoju na całym świecie oraz sposób, w jaki inżynierowie mogą przyczynić się do tego nowatorskiego testu. Aby to osiągnąć, inżynierowie chcą wziąć pod rozwagę kolejne problemy:

- Kompetencje w zakresie połykania/procedury zasobów.

- Zdolność uzyskiwania dostaw energii - odnawialna wobec nieodnawialnej (Duyen Q. Nguyen, 2002).

Fizyczne zaopatrzenie - ekologiczne wobec zbędnych.

- Życie elementu lub schematu.

- Ostateczne usunięcie, zawarcie lub zakończenie.

- Nadchodzące wykorzystanie.

- Wpływ na obecne społeczeństwo.

- Wpływ na przyszłe grupy.

- Zanieczyszczenia i odpady.

- Recyklingowce. W nowych wiekach, nastąpił wzrost ilości postępu w inżynierii środowiska zaawansowanych międzynarodowych.

Jest to oczywiste w związku z rosnącym zapotrzebowaniem i pozycją strefy naprawczej. Istnieje jednak wiele trudności i problemów związanych z budową, doskonałością i podejściem aktywnym w rozwoju programów inżynierii środowiska, które zostały zignorowane. Niektóre z bardziej oczywistych trudności to brak spójności w obecnym montażu edukacyjnym ze zbyt wieloma obciążeniami w postaci konkretnych opinii i efektów innych korekt inżynieryjnych, które mogą przyćmić tematy związane z ochroną środowiska, które następnie powinny być prawidłowo wykładane i rozpowszechniane w trakcie postępu. Wiele z obecnych programów inżynierii środowiska zatrzymało się na arenach inżynierii lądowej lub chemicznej i może wystąpić silny efekt tych podstawowych korekt, które można znaleźć w tych programach. Wiele z obecnych programów inżynierii środowiskowej poddanych kontroli ma na celu położenie nacisku na konkretną dziedzinę, np. organizację ochrony środowiska. W związku z tym, w obecnych programach nie spotykamy się z szerokim zainteresowaniem wielu obszarów ochrony środowiska, aby dać naukowcom możliwość wszechstronnego rozważenia szerokiego zakresu problemów i narażenia na nie. Teorie badawcze Program badań próbuje przetestować i potwierdzić kolejne teorie:

- Celem ogólnoświatowego programu inżynierii środowiska jest połączenie obecnych trudności z obecnymi postępami w inżynierii środowiska.

- Treści dotyczące ochrony środowiska nie są w aktualnych prospektach emisyjnych dotyczących inżynierii środowiska realizowane w sposób efektywny.

- Wiele z obecnych sekwencji inżynierii środowiska ma na celu zwrócenie uwagi na wszystkie tematy techniczne, a nie na nietechniczne.

- Nie ma spójności i stałości w obecnych konstrukcjach edukacyjnych.

- W aktualnych prospektach emisyjnych nie ma pełnej uwagi tematów związanych z ochroną środowiska. Kluczem oderwanym od edukacji jest zbadanie podstawowego, wiejskiego, projektowego, budowlanego, rozbudowy, zastosowania i oceny światowego prospektu dotyczącego inżynierii środowiska. Najciekawszym zadaniem jest podjęcie programu, który dyskuruje i bierze pod uwagę prawdopodobne odpowiedzi na wiele światowych trudności, jak również eliminuje niektóre z ogrodzeń wiedzy w bieżących programach, jak wspomniano powyżej. Dodatkowym, bezstronnym zadaniem jest rozwijanie programu, który poprawiłby świadomość uczonych, ich arogancję, standardy i pomoc w określaniu trudności środowiskowych, i który odtworzyłby część międzynarodową. Dokładne obiekty planu są zatwierdzane w następnym układzie:

- Ocena bieżących prac i badanie licznych reprezentacji nauczania o inżynierii środowiska oraz aktywów i wadliwości tych programów.

- Ocena prac, podróżowanie przez obecne światowe trudności środowiskowe, wpływ wiedzy, informacji i inżynierii na środowisko oraz obecność wartości utrzymania ekspansji w tych sekwencjach. Ocena sekwencji inżynieryjnych środowiska

Obejmuje to badanie i ocenę różnych replik i schematów edukacyjnych funkcjonujących w sekwencjach przedstawionych w inżynierii środowiska w wielu ważnych międzynarodowych organizacjach instruktażowych, w celu kontroli:

- Pozycja i doskonałość sekwencji inżynierii środowiska.

- Rozwój sekwencji inżynierii środowiska.

- Zwrócenie uwagi na ważne kwestie w aktualnych prospektach emisyjnych dotyczących inżynierii środowiska.

- Trudności i barykady praktykowane przez globalne organizacje w pozytywnym zatrudnieniu ich sekwencji inżynierii środowiska.

- Podobieństwa i zmiany aktualne wśród prospektów dotyczących inżynierii środowiska, wykorzystujących informacje zebrane od ważnych organizacji trzeciorzędnych uniwersalnych, w odniesieniu do ich krajobrazów, konstrukcji i podejść.

- Istotne mechanizmy, na których opierają się obecne programy inżynierii środowiska. Ocena powtarzalności produkcji i programów edukacyjnych

W celu zdrowszego zrozumienia efektywności obecnych sekwencji inżynierii środowiska, produkcji i nauczania, dla których absolwenci są wyposażone wymagania, które mają być uznane i zbadane, w szczególności do:

- Dowiedz się, jakie konkretne usługi i potencjały mają absolwenci inżynierii środowiska, biorąc pod uwagę opinię legislatorów przemysłu wytwórczego.

- Dowiedz się, w jaki sposób procedura kształcenia absolwentów inżynierii środowiska powinna być zorganizowana w ogólnoświatowym prospekcie emisyjnym, aby dopasować dostawy do produkcji. Współczucie dla wykonawców i usług, jakie posiadają byli studenci sekwencji inżynierii środowiska, stanowi dodatkową miarę dla wyceny bieżących sekwencji. Powinien on oferować cenne informacje o możliwych ogrodzeniach, a także szansę na ich ekologiczne i łatwe do utrzymania powtarzanie. Oczekuje się, że absolwenci dostarczą dane wizjonerskie na temat znaczenia ich nauczania w tej części oraz tego, czy przygotowany dla nich program nauczania i zapewnienie im usług ułatwiło podjęcie się tego testu. Sprawdzenie najlepszych i najbardziej realnych technik stosowanych w edukacji tych sekwencji (np. wykłady, tutoriale, lekcje w pracowni, projekty, schematy badań, zamówienia internetowe itp.) w celu wykorzystania uczenia się, rozwoju i doskonalenia tych usług u naukowców, tak aby zadowolić i konkurować z dostawcami i perspektywami inżynierów ochrony środowiska na całym świecie.

Praktyka dochodzeniowa Praktyka dochodzeniowa obejmuje:

- Pełna ocena prac.

- Eksploracja Internetu.

- Wzrost liczby badań przeglądowych.

- Podważenie skuteczności tego światowego prospektu emisyjnego.

- Projekt światowego programu w dziedzinie inżynierii środowiska. Badanie efektywności światowego prospektu emisyjnego w zakresie inżynierii środowiskowej

- W zależności od informacji zebranych od wielu organizacji, najlepsze rozwiązanie dla rozwoju światowego programu inżynierii środowiska będzie uprzemysłowione i możliwe do uzyskania.

- Wyobraźmy sobie, że nowy wysiłek, łączący zastosowanie zamierzonego prospektu emisyjnego, jak również badanie efektywności tego prospektu, zostanie zatwierdzony w odpowiedniej organizacji nauczania inżynierów.

- Doskonałość zostanie potwierdzona przez wymagającą i fachową ocenę.

- Zostanie wykazane pełne badanie aktywów i wadliwości programu światowego.

Rozmowa Wydajność i rozmowa o wszystkich pouczających i stosowanych cechach światowego prospektu dotyczącego inżynierii środowiska zostanie zatwierdzona. Wcześniejsze badania obecnych sekwencji środowiskowych zatwierdzonych przez australijskie zaawansowane organizacje dydaktyczne wykazują, że istnieje niedopuszczalny poziom postępowania istotnych pojęć, tematów i spraw dotyczących środowiska i obrony środowiska. Ponadto, większość zbadanych dotychczas sekwencji dowodzi nacisku na takie tematy, jak dyscyplina środowiskowa, zwykłe zarządzanie zasobami i organizacja ochrony środowiska. Jest to na tyle miarodajne, że zbliżający się prospekt dostarcza uwagi szerokiego wachlarza tematów mieszających wszystkie areny środowiskowe w ramach nauczania o środowisku. Ogromnej propagandy idei można uniknąć tylko wtedy, gdy w nauczaniu o środowisku na całym świecie pojawi się prospekt przeznaczony, uprzemysłowiony i stosowany. Oczywiście dużo zdrowsze byłoby stworzenie ogólnoświatowego prospektu nauczania inżynierskiego, który dostarczałby informacji o wszystkich specjalnościach inżynierskich, z uwzględnieniem inżynierii środowiska. Chociaż na tym etapie pracy jest zbyt wiele, aby niewielka organizacja, taka jak UICEE, mogła rozpocząć ten trening, bez możliwości uzyskania znacznych środków finansowych i zasobów ludzkich. Zakończono wysiłki mające na celu znalezienie grupy wielu światowych szkół wyższych, które podjęłyby się tego zadania. Jednak możliwość realizacji tego schematu, potrzebne zasoby i walka o uwagę pomiędzy organizacjami posunęły się do przodu, sprawiły, że założenie tego schematu, przynajmniej na tym etapie, było niewiarygodne. Tak więc, tylko UICEE założyło badania i rozwój w celu zaprojektowania, narzędzia i zbadania światowego programu nauczania inżynierii środowiska. Jeśli będzie to pozytywne, UICEE rozszerzy rozwój w celu zaplanowania ogólnoświatowego programu edukacji inżynierskiej. Chociaż udokumentowano, że plan, rozwój i zastosowanie ogólnoświatowego programu środowiskowego jako takiego jest ogromnym wyzwaniem, przypuszcza się, że praktyka badawcza z jej oczywiście dobrze zdefiniowanymi etapami, a w szczególności Technika Demonstracyjna, która zostanie zastosowana w tym programie, jest wszechstronna i powinna stanowić doskonały fundament i zasady tego wysiłku (Duyen Q. Nguyen, 2002).

Referencje

Beychok, Milton R. (1967). Aqueous Wastes from Petroleum and Petrochemical Plants (1st ed.). John Wiley & Sons. LCCN 67019834.

Tchobanoglous, G.; Burton, F.L. & Stensel, H.D. (2003). Wastewater Engineering (Treatment Disposal Reuse) / Metcalf & Eddy, Inc (4th ed.). McGraw-Hill Book Company. ISBN 978-0-07-041878-3.

Turner, D.B. (1994). Workbook of atmospheric dispersion estimates: an introduction to dispersion modeling (2nd ed.). CRC Press. ISBN 978-1-56670-023-8.

Beychok, M.R. (2005). Fundamentals Of Stack Gas Dispersion (4th ed.). autor-published. ISBN 978-0-9644588-0-2.

Centrum Informacji o Karierze. Agrobiznes, środowisko i zasoby naturalne (9. edycja). Macmillan Reference. 2007.

"Uzyskać Certyfikat Zarządu w zakresie inżynierii środowiska". American Academy of Environmental Engineers & Scienteists. Odzyskane w latach 2019-03-23.

"NCEES PE Informacje o egzaminie środowiskowym". NCEES. NCEES. Odzyskane w latach 2019-03-23.

"Profesjonalne instytucje inżynieryjne". Rada Inżynieryjna. Odzyskane w latach 2019-03-23.

Skocz do Masona, Matthew. "Inżynieria środowiskowa. Why It's Vital for Our Future". Nauka o środowisku. Odzyskane 2019-03-23.

Jansen, M. (październik 1989). "Water Supply and Sewage Disposal at Mohenjo-Daro". Archeologia światowa. 21 (2): 177-192. doi:10.1080/00438243.1989.9980100. JSTOR 124907. PMID 16470995.

Angelakis, Andreas N.; Rose, Joan B. (2014). "Rozdział 2: "Technologie sanitarne i ściekowe w cywilizacji doliny Harappa/Indus (ok. 2600-1900 p.n.e.)". Evolution of Sanitation and Wastewater Technologies through the Centuries. IWA Publishing. s. 25-40. ISBN 9781780404851.

"Finansowanie - inżynieria środowiska". US National Science Foundation. Odzyskane w latach 2013-07-01.

"Infekcje wodopochodne". Encyklopedia.com. Odzyskane 2019-03-23.

Radniecki, Tyler. "Co to jest inżynieria środowiskowa?" Wyższa Szkoła Inżynieryjna. Uniwersytet Stanowy w Oregonie. Odzyskane 2019-03-23.

Masters, Gilbert (2008). Wprowadzenie do inżynierii środowiska i nauki. Upper Saddle River, N.J.: Prentice Hall. ISBN 978-0-13-148193-0.

Sims, J. (2003). Osad czynny, Encyklopedia Środowiska. Detroit.

McGraw-Hill Encyklopedia Nauk i Inżynierii Środowiska (3rd ed.). McGraw-Hill, Inc. 1993.

Davis, M. L. i D. A. Cornwell, (2006) Introduction to environmental engineering (4th ed.) McGraw-Hill ISBN 978-0072424119.

Wprowadzenie do inżynierii środowiska i nauki. GM Masters, WP Ela - 1991 - people.bu.edu

Wprowadzenie do inżynierii środowiska. ML Davis, A David - 2008- entrospace.nilebasin.org. https://hdl.handle.net/20.500.12351/421.

Wprowadzenie do inżynierii środowiska. A Salic, B Zelic - Physical Sciences Reviews, 2018 - adsabs.harvard.edu.

Wprowadzenie do inżynierii środowiska. A Salic, B Zelic - Physical Sciences Reviews, 2018 - adsabs.harvard.edu.

Inżynieria środowiskowa. AA FIELD - Mechanical Engineer's Reference Book, 1973 - Elsevier. https://doi.org/10.1016/B978-0-408-00083-3.50037-0. Książka referencyjna inżyniera mechanika. 1973 r., strony 15-24-15-83.

GIVONI, B., Man Climate & Architecture, Elsevier (1969)

FANGER, P. O., Thermal Comfort, Danish Technical Press (1970)

ASHRAE Handbook of Fundamentals

MISSENARD, F. A., Radiant Heating and Cooling, Eyrolles (1959).

RECKNAGEL-SPENGER, paperback do ogrzewania, wentylacji i klimatyzacji, Oldenbourg (1970)

BASNETT, P., "Ogrzewanie pomieszczeń za pomocą paneli średniotemperaturowych", Jour. IHVE, 36, 120 (1968)

CHRENKO, F. A., "Podgrzewane sufity i komfort", Jour. IHVE. 20, 375 (1953)

RiLEY, J. M., "The development of the cast iron sectional boiler", Jour. IHVE, 38, 160 (1970)

KELL, J. R. i MARTIN, P. L., The Nuffield College Heat pump', Jour. IHVE, 30, 333 (1963)

Brightside Chimney Design Manual, Technitrade Journals Ltd., 2nd ed (1970)

Fotokatalityczne zastosowania Mikro- i Nano-TiO2 w inżynierii środowiska. S Kwon, M Fan, AT Cooper, H Yang - Recenzje w dziedzinie ochrony środowiska, 2008 - Taylor & Francis.

FSC
www.fsc.org
MIX
Papier | Fördert
gute Waldnutzung
FSC® C083411

Kolibri 360 GmbH
Ferdinand-Jühlke-Straße 7
99095 Erfurt, Deutschland
produktsicherheit@kolibri360.de

Druck:
CPI Druckdienstleistungen GmbH
im Auftrag der
Kolibri 360 GmbH
Ferdinand-Jühlke-Str. 7
99095 Erfurt